JN234262

H8マイコン入門

```
            .CPU     300HA
            .SECTION PROG7,CODE,LOCATE=H'0000

P1DR        .EQU                H'FFFFC2
P1DDR       .EQU                H'FFFFC0
P6DR        .EQU                H'FFFFC9
P6DDR       .EQU                H'FFFFCB

            .SECTION          E,LOCATE=H'000100

            MOV.L             FFFF00,ER7

            MOV.B             #H'FF,R0L
            MOV.B             R0L,@P1DDR
            MOV.B             R0L,@P6DDR
            MOV.B             #B'10001000,R0L
            MOV.B             #B'11001100,R0H
```

TDU 東京電機大学出版局

本書中の製品名は，一般に各社の商標または登録商標です。
本文中では，™および®マークは明記していません。

まえがき

　パソコンは，テレビCMで宣伝されていても何の違和感もないほどに普及しています．小学校でも，熱心にパソコン教育が行われています．このように，パソコンは，私たちにとってごく一般的な道具となっています．

　一方で，私たちの生活に深く関わっているにもかかわらず，その姿を直接見ることのないコンピュータがあります．それは"マイコン"と呼ばれる制御用コンピュータです．マイコンは，エアコンや洗濯機などの家電製品や，自動車の内部に組み込まれており，製品の動作を制御する働きをしています．近年人気のペットロボットや，ロボコン大会に登場する各種のロボットもマイコンで制御されています．このように，マイコンは，姿は見せずとも私たちの周りで大活躍をしているのです．

　現在，高性能なマイコンとして，ルネサスエレクトロニクスのH8が広く利用されています．H8は，非常に高機能であり，そのすべての機能をマスターすることは容易ではありません．だからといって，初心者が扱えない訳ではありません．LEDの点灯などの基礎的な制御から始めて，徐々に必要とする事項を学習していけば，初心者であっても，十分にその機能を引き出すことができます．

　本書は，初心者を対象にしたH8の入門書です．そのため，図を多く用いてやさしく解説することを心がけました．作成するプログラムは，簡単にかつ，できるだけ短くなるように配慮しました．また，使用する部品などは，容易に入手できるものだけを採用しました．

　本書を道しるべにして，プログラムを動作させながら一歩一歩実習を進めてください．そうするうちに，H8が身近に感じられるようになってくることと思います．

　読者の皆さんが，本書によってH8の世界の扉を開き，それぞれの目的を達成されることを心からお祈りしています．

　最後になりましたが，本書執筆の機会を与えてくださった，東京電機大学出版局の植村八潮氏，編集作業でたいへんお世話になった同局の石沢岳彦氏に，この場を借りて厚く御礼申し上げます．

2003年1月

国立明石工業高等専門学校
電気情報工学科
堀　桂太郎

目 次

第1章　マイコン制御の基礎　　1

1・1 コンピュータの基本構成 ----------------------------2
　❶ コンピュータ処理の流れ ------------------------2
　❷ ノイマン型コンピュータの基本構成 ---------------3
1・2 コンピュータの基本動作 ----------------------------4
　❶ 命令実行の流れ --------------------------------4
　❷ フォン・ノイマンのボトルネック ---------------5
1・3 CPU --7
　❶ CPUの発達 ------------------------------------7
　❷ マルチチップとシングルチップ -----------------9
1・4 制御用のマイコン ----------------------------------10
　❶ マイコン制御とは ------------------------------10
　❷ 制御用マイコンの分類 --------------------------11
1・5 マイコン制御の手順 --------------------------------14
　❶ 実装までの流れ --------------------------------14
　❷ 必要な知識 ------------------------------------16

第2章　H8マイコンとは　　19

2・1 H8マイコンの種類 ---------------------------------20
　❶ H8シリーズ ------------------------------------20
　❷ H8/300Hシリーズ ------------------------------22
2・2 H8/3048F --24
　❶ H8/3048Fの概要 ------------------------------24
　❷ H8/3048Fボード ------------------------------25
2・3 H8/3664F --26
　❶ H8/3664Fの概要 ------------------------------26
2・4 開発ツール --28
　❶ ソフトウェア ----------------------------------28
　❷ ハードウェア ----------------------------------30

Contents

第3章　マイコンでのデータ表現　33

- **3・1** 2進数 ---------- 34
  - ❶ 2進数とは ---------- 34
  - ❷ 2進数の計算 ---------- 35
  - ❸ 2進数と10進数 ---------- 36
  - ❹ 補数 ---------- 37
  - ❺ 負の数の表現 ---------- 38
- **3・2** 16進数 ---------- 40
  - ❶ 16進数とは ---------- 40
  - ❷ 16進数と10進数 ---------- 41
  - ❸ 16進数と2進数 ---------- 41
- **3・3** ディジタル回路 ---------- 43
  - ❶ 論理回路 ---------- 43
  - ❷ 算術演算と論理演算 ---------- 43
  - ❸ マスク操作 ---------- 44
  - ❹ シフト操作とローテイト操作 ---------- 45
  - ❺ スイッチ回路 ---------- 48

第4章　H8/3048Fマイコンの基礎　49

- **4・1** アーキテクチャ ---------- 50
  - ❶ アーキテクチャの概要 ---------- 50
  - ❷ H8/3048Fの考え方 ---------- 52
- **4・2** メモリ ---------- 53
  - ❶ メモリマップ ---------- 53
  - ❷ RAM ---------- 55
  - ❸ ROM ---------- 56
- **4・3** CPU ---------- 58
  - ❶ CPUの構成 ---------- 58
  - ❷ 汎用レジスタ（ERn） ---------- 58
  - ❸ コントロールレジスタ ---------- 60
  - ❹ スタックポインタ ---------- 62

目 次

- ⑤ 命令セット------64
- ⑥ アドレッシング------74
- ⑦ 処理状態------80
- ⑧ クロック信号------81
- ⑨ リセット------82
- ⑩ 割込み------82
- 4・4 ポート------86
  - ① ポートの概要------86
  - ② ポートの使い方------88
  - ③ ポートの出力許容電流------90
- 4・5 周辺機能------92
  - ① 周辺機能の概要------92
  - ② DMAコントローラ(DMAC)------94
  - ③ インテグレーテッドタイマユニット(ITU)----95
  - ④ ウオッチドッグタイマ(WDT)------98
  - ⑤ A-Dコンバータ------100
  - ⑥ D-Aコンバータ------104

第5章　アセンブラ言語による実習　107

- 5・1 アセンブラ言語の基礎------108
  - ① アセンブラ言語とは------108
  - ② アセンブラ制御命令------108
  - ③ プログラムの書き方------111
  - ④ 開発の手順------113
- 5・2 LEDの制御------118
  - ① LEDの点灯------118
  - ② スイッチ入力------126
  - ③ LEDの点滅------128
  - ④ インテグレーテッドタイマの使用------131
- 5・3 パルスモータの制御------135
  - ① パルスモータとは------135
  - ② パルスモータの回転制御------137

5・4 DCモータの制御 ―――――――――――――― 143
　❶ ドライバICによる回転方向制御 ―――――― 143
　❷ PWM機能による速度制御 ――――――――― 147
5・5 A-D，D-Aコンバータの制御 ――――――― 155
　❶ A-Dコンバータ ―――――――――――――― 155
　❷ D-Aコンバータ ―――――――――――――― 158
5・6 割込み制御 ―――――――――――――――― 162
　❶ IRQ端子を使った割込み ―――――――――― 162
　❷ NMI端子を使った割込み ―――――――――― 167

第6章　C言語による実習　　171

6・1 Cコンパイラ ―――――――――――――――― 172
　❶ Cコンパイラの種類 ――――――――――――― 172
　❷ プログラムの書き方 ――――――――――――― 173
　❸ 開発の手順 ―――――――――――――――――― 175
6・2 LEDの制御 ―――――――――――――――― 179
　❶ LEDの点滅 ――――――――――――――――― 179
　❷ スイッチ入力 ――――――――――――――――― 180
　❸ インテグレーテッドタイマの使用 ――――――― 182

付　録

　1 H8命令セット一覧 ――――――――――――― 184
　2 マイコンなどの入手先 ―――――――――――― 196

　　＜参考文献＞ ―――――――――――――――― 197
　　＜索　引＞ ――――――――――――――――― 198

第1章

マイコン制御の基礎

私たちが最もよく見かけるコンピュータは，パソコン（パーソナルコンピュータ）かもしれません．しかし，直接その姿を見ることはなくても，自動車や電気製品の内部には，制御用のマイコン（マイクロコンピュータ）が使用されています．パソコンとマイコンの使用目的は異なりますが，どちらもコンピュータであり，基本的な動作原理は同じです．この章では，コンピュータの基本的な原理や，マイコン制御の手順について学びましょう．

第1章 マイコン制御の基礎

1·1 コンピュータの基本構成

❶ コンピュータ処理の流れ

　例えば，パソコンをワープロとして使用する場合には，キーボードなどの入力装置を使って文字データを入力します．そして，パソコン内部で，入力されたデータを適当にレイアウトした後，プリンタなどの出力装置から出力します(図1·1(a))．

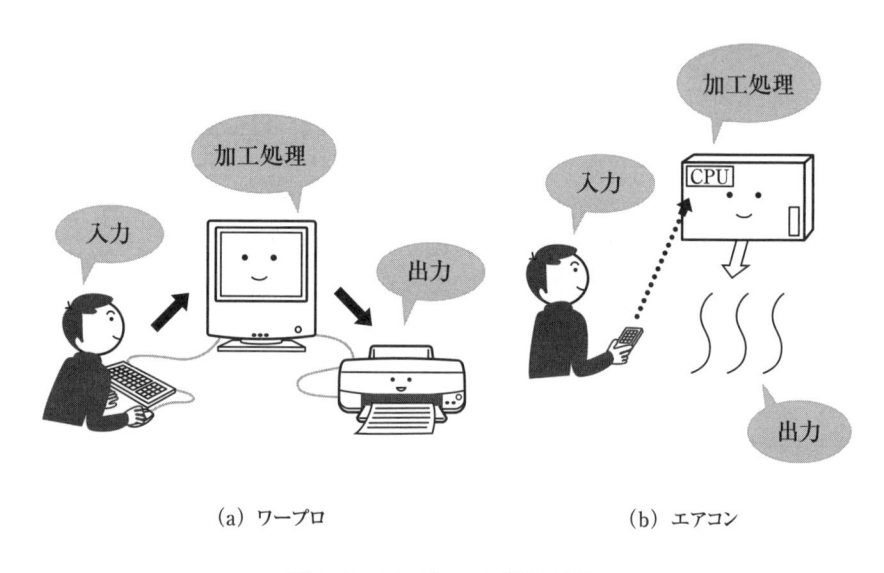

　　　　(a) ワープロ　　　　　　　　　　(b) エアコン

図1·1　コンピュータ処理の流れ

　また，マイコンを使ってエアコンを制御する場合には，操作用リモコンや各種センサから入力したデータをマイコン内部で処理した後，モータに出力し送風を行います(図1·1(b))．

　このように，使用目的は異なっていても，コンピュータが目的の処理を行う流れはどちらも同じです．すなわち，入力されたデータを加工処理して出力するのです．

❷ ノイマン型コンピュータの基本構成

　現在の，ほとんどのコンピュータは，1940年代にフォン・ノイマン（von Neumann）らが設計した**ノイマン型コンピュータ**です．図1・2にノイマン型コンピュータの基本構成を示します．

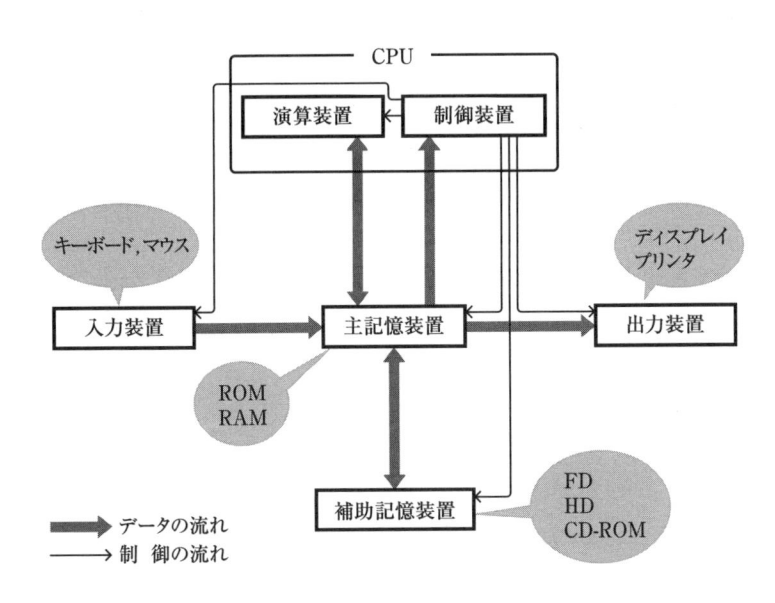

図1・2　ノイマン型コンピュータの基本構成

ノイマン型コンピュータは，次のような特徴をもっています．

● ノイマン型コンピュータの特徴
① プログラム内蔵方式
　処理手順を示したプログラムを内部に記憶しておく方式です．
② 逐次処理
　プログラムで指定した順序で逐次，命令を実行します．
③ 命令とデータの共存
　同じメモリ（主記憶装置）上に，命令とデータが共存しています．

第1章 マイコン制御の基礎

1・2 コンピュータの基本動作

❶ 命令実行の流れ

ノイマン型コンピュータが1個の命令を実行する流れは，図1・3に示すようになります．主記憶装置に格納されている命令を取り出して（フェッチ），解読を行い（デコード），実行するのです．この流れを**命令実行サイクル**といいます．

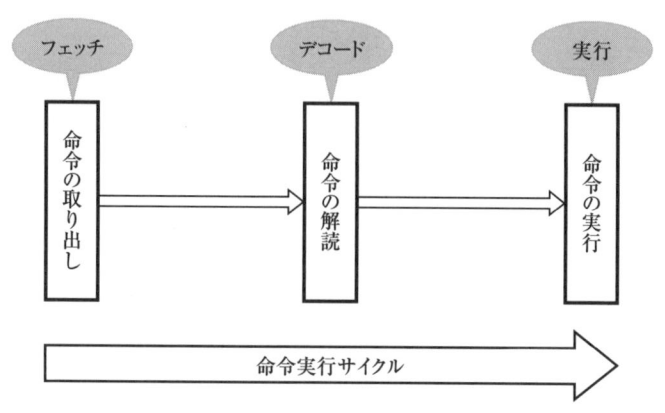

図1・3 命令実行サイクル

例として，加算命令ADDを考えて見ましょう．「ADD r, B」は，アドレスB番地に格納されているデータと，汎用レジスタrの内容を加算する命令だとします．**レジスタ**とは，データを記憶しておくことのできる高速動作が可能な小さいメモリのことで，置数器とも呼ばれます．図1・4に，命令実行の流れと制御装置，主記憶装置，演算装置の働きを示します．

● 命令実行の流れ
①プログラムカウンタ（PC）に格納されているアドレスを，主記憶装置のメモリアドレスレジスタ（MAR）に送ります．
②指定されたアドレスに格納されている命令（ADD）を，命令レジスタ（IR）に取

り出します．
③命令レジスタにある命令を，デコーダ（復号器）に送り解読します．
④命令の実行に必要な制御信号を演算装置に送ります．
⑤命令で指定されたアドレス（B番地）からデータを取り出します．
⑥演算（加算）処理を実行します．
⑦次に実行する命令が格納されているアドレスをPCに格納します．
　次の命令を実行するときには，手順①〜⑦を繰り返します．

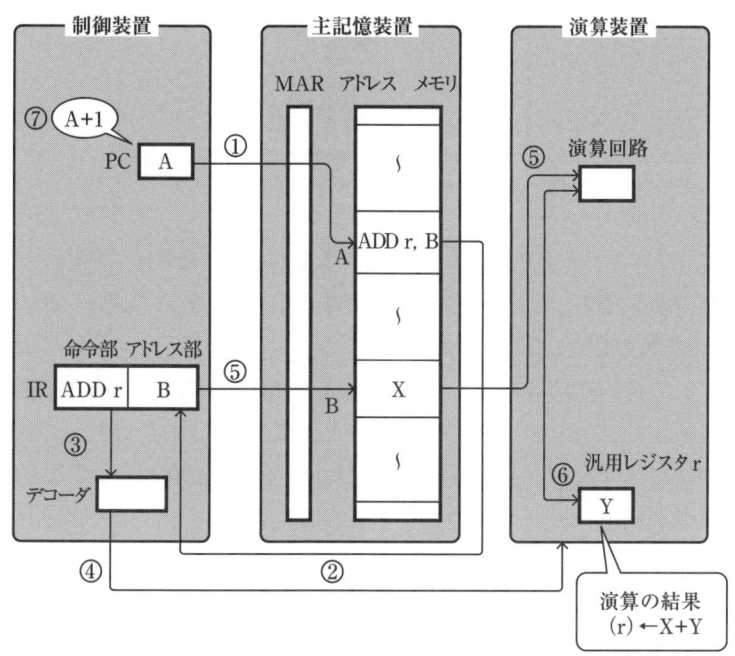

図1・4　命令を実行する流れ

2 フォン・ノイマンのボトルネック

　図1・4に示したように，ノイマン型コンピュータは，PCに格納されたアドレスで示されるメモリから命令を取り出し（フェッチ），解読（デコード），実行する手順を繰り返すことで必要な処理を行っています．
　また，命令とデータ（図1・4の例では，命令ADDとアドレスB番地にあるデー

第1章　マイコン制御の基礎

タX）は，同じメモリ上に格納されています．このために，CPUとメモリを接続しているバス（転送路）が混み合い，処理が遅れてしまうことがあります（図1・5）．

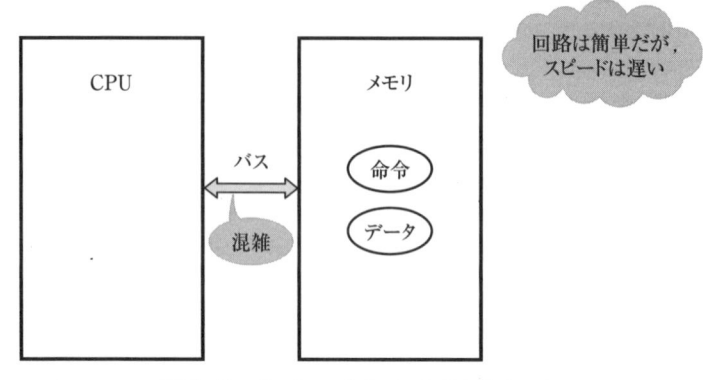

図1・5　フォン・ノイマンのボトルネック

　これは，フォン・ノイマンのボトルネックと呼ばれる問題で，コンピュータシステム全体の動作速度を向上させる場合の障害になっています．本書で学ぶCPU，H8もこの問題を避けることはできません．
　フォン・ノイマンのボトルネックを解決するためには，命令とデータを別々のメモリに格納して，2本のバスを用いてCPUと接続すればよいのです．このような構造のコンピュータは**ハーバード型**と呼ばれ，一部の制御用マイコンなどで採用されています（図1・6）．

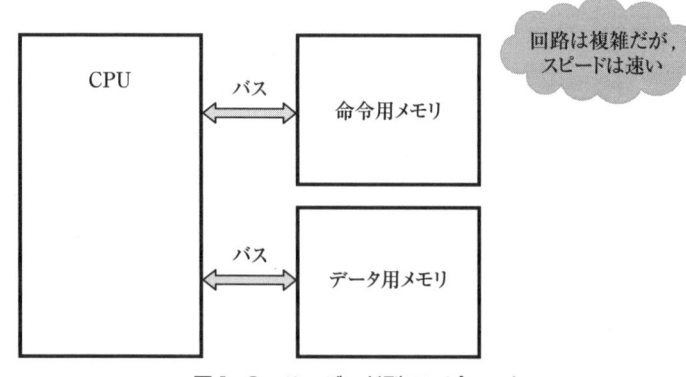

図1・6　ハーバード型コンピュータ

1·3 CPU

❶ CPUの発達

コンピュータの性能向上の歴史は，CPUの発達としても捉えることができます．表1·1に，主なCPUが登場した年代と特徴を示します．

表1·1　CPUの発達

年代	1971	1974	1976	1978	1987	1993	2000	2010
型番	4004	8080 6800	8085 6809 Z80	8086	H8/500	Pentium PowerPC	Pentium4	Core i7- 980X （6コア）
処理量 （ビット）	4	8	8	16	16	32	32	64
素子数（個）	2300	8500	1万	3万	42万	310万	4200万	11億7000万
クロック	750kHz	1MHz	5MHz	10MHz	16MHz	100MHz	1GHz	3GHz
メモリ空間 （バイト）	4.5K	64K	64K	16M	1M	4G	4G(64Gに 拡張可)	24G

1971年にインテル社が世界初のCPU, 4004（図1·7 (a)）を発表しました．このCPUは，1回に処理できるデータが4ビット，クロック（動作速度）750kHz程度の性能です．現在のCPUとは比較にならない性能ですが，4004の登場は衝撃的なものでした．それまでは目的に応じたICを個別に製作する必要がありましたが，4004を使えば，目的に応じたプログラムを用意すればよくなったのです．つまり，同じハードウェア（CPU）を使い，目的ごとに異なるソフトウェア（プログラム）を用意することで，広いニーズに柔軟に対応できるようになったのです．

その後登場した，8080，6800によってCPUの評価は確立し，もはやなくてはならない存在となりました．1976年にザイログ社の発表したZ80は，使いやすく高性能なCPUとして多くの分野で使用されました（図1·7 (b)）．

第1章 マイコン制御の基礎

(a) 4004 (b) Z80

図1・7 初期のCPU

　この時代のCPUは，正に汎用CPUとして，パソコンの他に制御用マイコンとしても使用されていました．その後，インテル社のPentiumシリーズや，IBM社やモトローラ社のPowerPCシリーズが，パソコン用CPUの主流となりました（図1・8）．

　CPUは今も驚異的な速さで，高密度化，高速化などの性能アップを続けています．

(a) Pentium (b) PowerPC

図1・8　パソコン用CPU

　本書で扱うH8/3048Fのルーツは，1987年に日立製作所が開発した，高性能なCPUを内蔵した制御用のマイコンです．

1・3 CPU

❷ マルチチップとシングルチップ

図1・9に示すように，CPUには，**マルチチップ**，**シングルチップ**と呼ばれる2つの形態があります．

(a) マルチチップ　　(b) シングルチップ

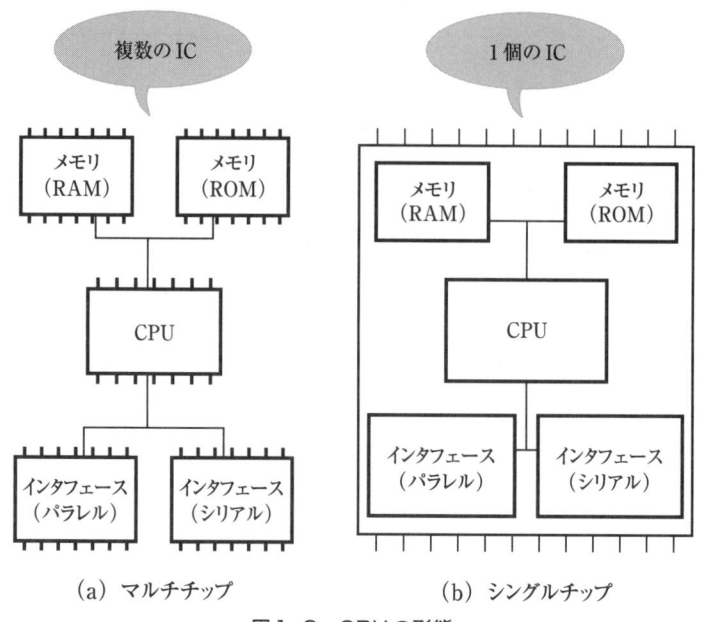

図1・9　CPUの形態

マルチチップCPUとは，コンピュータとして動作させるために，メモリやインタフェースなどの周辺回路用ICを用意する必要があるものです．Z80は，マルチチップCPUとして登場しました．そして，インタフェースや通信用などの周辺回路用ICは別に販売されて，それらを総称してZ80ファミリと呼んでいました．

一方，シングルチップCPUとは，1個のパッケージ中にCPUと共に周辺回路を組み込んだものです．したがって，マルチチップCPUに比べて拡張性は劣りますが，すぐに多くの機能を利用できます．Z80も，後にシングルチップ化されたタイプが登場しています．

H8は，シングルチップ化されたCPUですが，動作モードを切り替えることで，マルチチップ型として使用することもできます．

1・4 制御用のマイコン

❶ マイコン制御とは

図1・10に，マイコン制御を利用した相撲ロボットの外観を示します．

図1・10 相撲ロボット

ロボット相撲は，直径約1.5mの土俵上で2台のロボット力士が戦い，土俵上から相手を押し出した方が勝ちとなる競技です．自立型とラジコン型の2部門があり，自立型部門ではロボットをマイコンで制御することが必要になります．

競技者（ロボットの製作者など）は，行司（レフリー）の合図で自分のロボットのスイッチをONにします．ロボットは，その5秒後以降に動作を開始しなければなりませんが，初めにスイッチをONにした後，競技者はロボットを操作することは一切認められません．つまり，ロボット自身の判断によって相手のロボットと戦うことが必要なのです．土俵枠の白線を感知して，土俵の外に飛び出さないようにしながら相手ロボットを効果的に押し出す動作が要求されます．また，スイッチが押された後の初めの動作（立ち会い）にも工夫が必要です．

図1・11に，相撲ロボットの構成例を示します．

1・4 制御用のマイコン

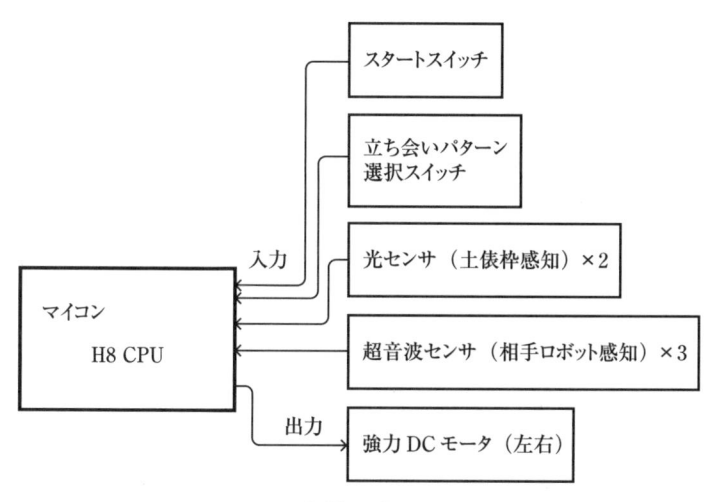

図1・11 相撲ロボットの構成例

　このロボットでは，スタートスイッチ，立ち会いパターン選択スイッチ，光センサ，超音波センサからのデータを入力としています．そして，シングルチップCPUで入力データを適切に処理して，強力DCモータへ出力しロボットを動かします．ロボットの前と左右に取り付けた計3組の超音波センサは，相手ロボットの位置を検出して，適切な動作を行うためにあります．
　この例のように，マイコンによって，ある機器を適切に自動コントロールすることを**マイコン制御**といいます．

2 制御用マイコンの分類
　マイコン制御に使用するコンピュータには，次のような種類があります．
①パソコン
　入出力部分のインタフェース回路を用意すれば，パソコンを使って機器を制御することが可能です（図1・12）．パソコンを使用したマイコン制御は，大きい画面を使用しながら操作ができるなどの利点がありますが，機器に組み込むのは不可能です．

第1章 マイコン制御の基礎

②ポケコン

　工業高校などでは，ポケコン（ポケットコンピュータ）と呼ばれる小型コンピュータが普及しています（図1・13）．一般にはなじみが薄いのですが，計算機能の他に，BASIC言語やC言語，マシン語などのプログラム機能を搭載していますので，マイコン制御にも適しています．しかし，小型機器に組み込んで使用するには不向きなのはパソコンと同じです．

図1・12　パソコンによる機器の制御例

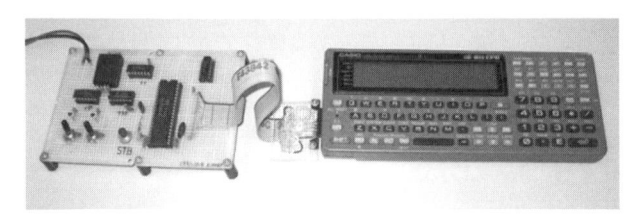

図1・13　ポケコンによる機器の制御例

③PIC

　PIC（Peripheral Interface Controller）は，制御用に作られたコンピュータです（図1・14）．このマイコンは，ハーバード型（6ページ参照）を採用しており，シングルチップCPUながらTTL ICくらいの大きさなので，機器に組み込むにも最適といえるでしょう．安価で初心者にも扱いやすい，制御用コンピュータの代

1・4 制御用のマイコン

表格です．しかし，メモリ容量が大きくはないので，大量のデータを扱うマイコン制御には適していません．

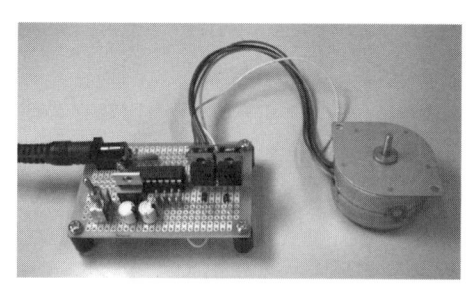

(a) PIC　　　(b) パルスモータの制御
図1・14　PICによる機器の制御例

④シングルチップCPU

　CPUの他に，メモリやインタフェースなど各種の周辺機能を，同一のパッケージに収めた**シングルチップCPU**は，主にマイコン制御に使うことを目的として作られています．非常に高機能であり，小型なので機器への組み込みも容易ですが，プログラムの開発などの作業にはパソコンを使用します．

　また，シングルチップCPU自体は，1個のICですが，実験などに使用しやすいように，名刺くらいの大きさのプリント基板にパソコンとの通信用回路などと共に搭載してあるボードも市販されています（図1・15）．Z80チップには，メモリ(RAM, ROM)は内蔵されていませんが，H8チップには内蔵されています．

ROM
RAM(ROMの下にある)
CPUなど
CPUなど(RAM, ROMも内蔵)

(a) Z80ボード　　　(b) H8ボード
図1・15　シングルチップCPUボード

13

第1章 マイコン制御の基礎

1・5 マイコン制御の手順

❶ 実装までの流れ

　本書では，シングルチップCPU（H8）の使い方を学習しますが，ここではマイコンを機器に実装するまでの流れを理解しておきましょう．図1・16に，実装までのフローチャートを示します．

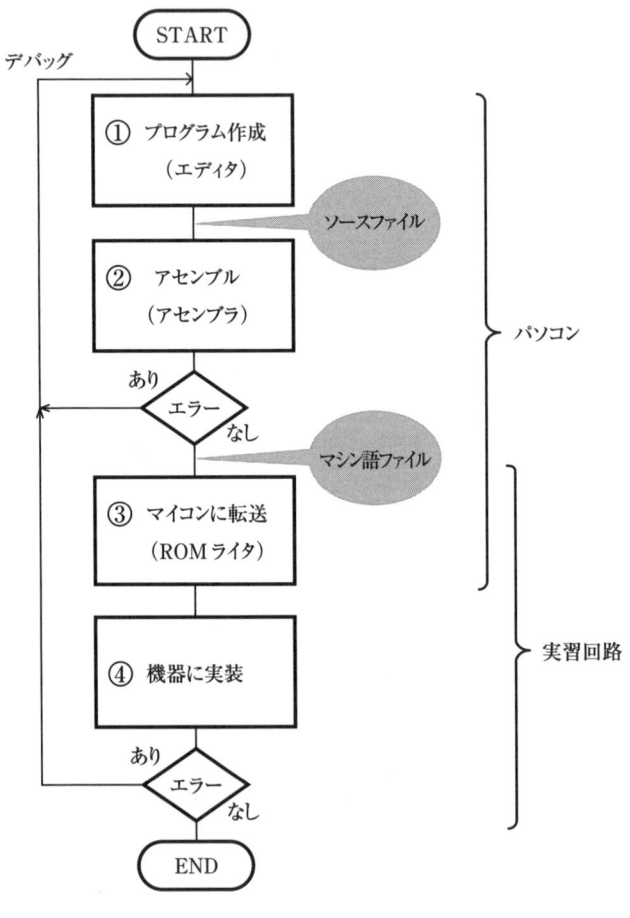

図1・16　実装までのフローチャート

1・5 マイコン制御の手順

①プログラム作成

　パソコンのエディタソフト（ワードパッドやメモ帳など）を使用して，プログラムを記述します．プログラム言語には，アセンブラ，C，BASICなどが使用できます．ここで記述したプログラムを**ソースファイル**と呼びます．

②アセンブル（コンパイル）

　アセンブラ言語で記述したソースファイルをCPUが理解できる**マシン語ファイル**に変換するためのソフトウェアを**アセンブラ**，変換作業をアセンブルといいます．アセンブルの結果，エラーがある場合には，「①プログラム作成」に戻ってデバッグを行います．

　CやBASIC言語を用いる場合には，マシン語ファイルに変換するためのソフトウェアに**コンパイラ**を使用します．

　アセンブルまたはコンパイルの終わったプログラムは，**デバッガ**というソフトウェアで動作を**シミュレート**する（パソコンの画面上で擬似的な動作をさせる）こともできます．

図1・17　実装までの流れ

③プログラムをマイコンに転送

本書で使用するH8は，**フラッシュメモリ**と呼ばれる，電気的に書き換えることが可能なROMを内蔵しています．したがって，できあがったマシン語ファイルは，H8チップ内のROMに転送します．転送には，ROMライタ回路と転送用ソフトウェアを使用します．

④機器に実装

プログラムの転送が終われば，H8チップを制御対象機器に実装して動作を確認します．本書では，いくつかの実習用回路を製作して実習します．

図1・17で，以上の流れをもう一度確認してください．

2 必要な知識

マイコン制御を実現するためには，次のような知識(技術)が必要となります．

①パソコンの基本操作

プログラムの作成からROMへの転送までの作業には，パソコンを使用しますので，パソコンの基本的な操作ができることが必要です．ただし，アセンブラや転送ソフトの使用法については，本書で説明します．

②CPU(H8)の構造と動作原理

マイコン制御を行う上で非常に重要なのが，使用するCPUを理解しておくことです．H8は豊富な機能を搭載していますので，すべての機能を完全にマスターすることは容易ではありません．しかし，基本的な構造と動作原理を理解しておかなければ，使用することは不可能です．マイコン制御では，思ったとおりの動作がすぐに実現できることはまれです．トラブルやバグがつきものなのです．CPUに関する基礎知識なしに，問題を解決していくことはできません．

③プログラム言語

CPUに最も近いプログラム言語は，**アセンブラ言語**(ニーモニックコード)です．アセンブラ言語をマスターすれば，自在にプログラムを作成することができるようになります．

一方，H8はC言語との相性がよいCPUです．**C言語**は，アセンブラ言語より扱いやすいので，効率的なプログラム開発を行うことができます．

本書では，アセンブラ言語を主体にしますが，C言語の使用法についても説明します．ただし，CPUの構造や動作原理を理解するためには，アセンブラ言語の使用経験が不可欠です．今後，Cなどの高級言語を主体に使用する人であっても，一度はアセンブラ言語の基礎を学習しておくことをお勧めします．

④ディジタル回路の基礎

コンピュータは，ディジタル回路で構成されています．したがって，コンピュータのハードウェアを理解するために，ディジタル回路の知識が必須となります．ただし，本書で扱うコンピュータの基本的な動作を理解するレベルならば，初歩的なディジタル回路の知識があれば大丈夫です．

また，私たちは日常10進数を使用していますが，コンピュータは2進数を使っていますので，プログラムを作成するために，2進数や16進数の理解は不可欠となります．基本的なディジタル回路については，第3章で説明します．

⑤電子工作

マイコン制御では，ハードウェアを制御しますので，電子回路と電子工作の基礎知識と技術が必要です．関係する電子回路については，必要に応じて説明します．電子工作については，マイコンボードや実習回路などの製作を行いますので，確実な配線やはんだ付けなどを行えるように作業してください．

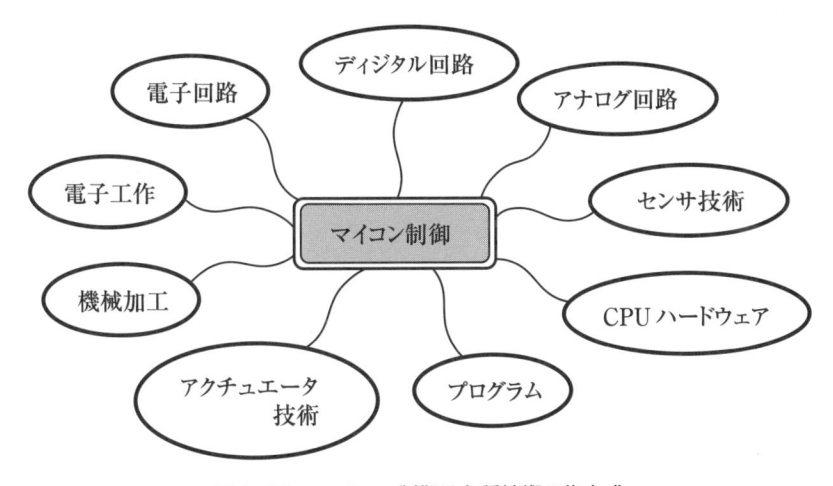

図1・18 マイコン制御は各種技術の集大成

第1章　マイコン制御の基礎

　以上，マイコン制御に必要な知識をまとめてみましたが，要求が多いからといって心配しないでください．実際に，はんだごてを握って回路を製作し，トラブルが発生したら，あきらめずにそれを解決していくことを続けていけばいいのです．そうすれば，徐々にマイコン制御技術が身に付いてくるはずです．それと同時に，多くの関係技術もマスターできるのです（図1・18）．

　また，いずれかのCPUの基本がマスターできたなら，たとえ扱うCPUの種類を変更しても，容易に使いこなせるようになることでしょう．

第2章

H8マイコンとは

H8マイコンは，ルネサスエレクトロニクス（NECエレクトロニクスとルネサステクノロジの経営統合会社）の開発した制御用の高性能シングルチップCPUの総称ですが，ひとくちにH8といっても，実際にはとても多くの種類があります．ここではH8シリーズの種類や特徴などについての概要を学習しましょう．詳しいアーキテクチャ（構造）については，第4章で説明します．

第2章　H8マイコンとは

2·1　H8マイコンの種類

❶ H8シリーズ

　H8マイコンは，大きく6つのシリーズに分類できます．以下，各シリーズの特徴を整理します（図2·1）．

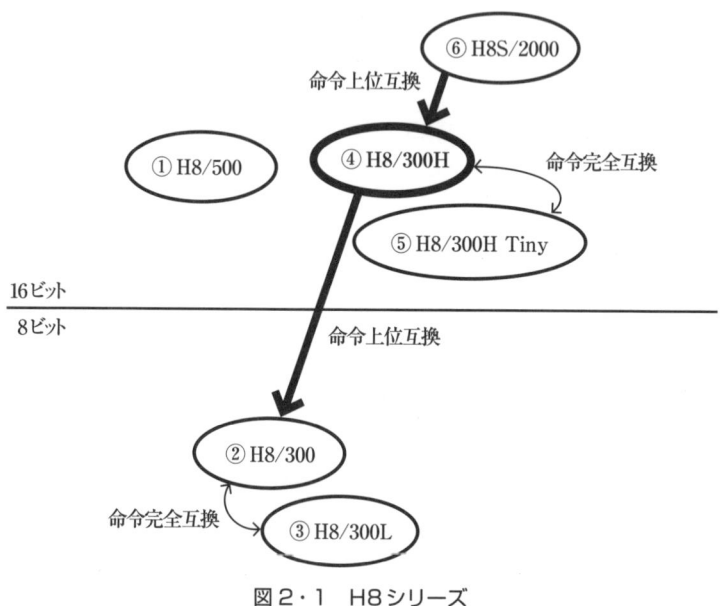

```
                    ⑥ H8S/2000
              命令上位互換
    ① H8/500      ④ H8/300H ← 命令完全互換
                    ⑤ H8/300H Tiny
  ─────────────────────────────────
  16ビット
  8ビット
              命令上位互換
                    ② H8/300
              命令完全互換
                    ③ H8/300L
```

図2·1　H8シリーズ

①H8/500シリーズ

　H8として最初に製品化された，データバス16ビット，最高クロック16MHz，最大メモリ1MBのシリーズです．高機能タイマやA-Dコンバータなどの機能を搭載した産業用のマイコンです（7ページ表1·1参照）．

②H8/300シリーズ

　8ビットの標準的なマイコン機能に加え，タイマや通信機能，A-D，D-Aコンバータなど非常に多くの機能を搭載したシリーズです．最高クロックは，16MHzです．

③H8/300Lシリーズ

他のH8マイコンに比べ，消費電力を少なくした8ビットのシリーズです．1.8Vの低電圧で動作する，コストパフォーマンスのよいマイコンです．H8/300シリーズとは，完全な命令互換性がありますので，ソフトウェア資産をそのまま継承できます．

④H8/300Hシリーズ

H8/300シリーズを上台に，性能を向上させた16ビットのシリーズで，最高クロック25MHz，最大メモリ16MBのマイコンです．命令セットは，H8/300シリーズと上位互換性があり，符号付きの乗算や除算を行う命令を備えています．さらに，データを直接転送できる機能（DMAC）やモータの制御に使用できる機能（PWM）などを搭載しています．本書で扱うH8/3048Fは，このシリーズに属します．

⑤H8/300H Tinyシリーズ

CPUにはH8/300H，周辺機能にはH8/300のものを採用した，16ビット，最高クロック16MHzの小型かつ低価格なシリーズです．H8/300Hシリーズとは，命令の互換性があります．

⑥H8S/2000シリーズ

H8/300Hシリーズを，さらに高性能化した命令上位互換の16ビット，最高クロック33MHzのシリーズです．積和演算命令を備えるなど，機能，スピード面でH8シリーズ中の最高峰マイコンです．

この他，H8シリーズとは異なりますが，SuperHシリーズと呼ばれる32ビットのマイコンもあります．

これら，各シリーズの詳細については，ルネサスエレクトロニクスのホームページ（http://japan.renesas.com/index.jsp）を参照するとよいでしょう．

H8には，多くのシリーズがあることを説明しました．さらに，シリーズ内には，動作クロックや，搭載している周辺機能の違いで多数の製品があります．例えば，H8/300HとH8/300H Tinyシリーズを合わせると，およそ80種類の製品が発表されています．つまり，同じシリーズでも非常に多くの型番があり，用途に応じ

第2章　H8マイコンとは

て機種を選択できるということです．

　また，同じ型番であっても，外形にはいくつかの異なる型があります．図2・2(a)にSDIP型，(b)にQFP型の外観を示します．

(a) SDIP型　　　　　　　(b) QFP型

図2・2　外形

❷ H8/300Hシリーズ

　本書では，入手のしやすさ，扱いやすさ，性能，価格の面から，300HシリーズのH8/3048Fという機種を扱います．ここでは，300Hシリーズの概要を学びましょう．

● H8/300Hシリーズの概要

①H8/300シリーズとCPUの上位互換性があります．
②16ビットの汎用レジスタを16個備えています．
③62種類の基本命令をもちます．
　8/16/32ビットの転送・演算命令，乗除算命令，強力なビット操作命令などがあります．
④8種類のアドレッシングモードが使用できます．
　レジスタ直接，レジスタ間接，ディスプレースメント付レジスタ間接，ポストインクリメント／プリデクリメントレジスタ間接，絶対アドレス，イミディエイト，プログラムカウンタ相対，メモリ間接の各モードが使えます．
⑤16Mバイトのメモリが使用できます．

⑥動作が高速です．

　使用頻度の高い命令は2〜4ステート（クロック）で実行，最小命令実行時間は80ns，最高クロックは25MHz（H8/3048Fは16MHz）です．

⑦2種類のCPU動作モードを備えています．

　ノーマルモード（H8/3048シリーズでは使用不可）とアドバンストモードがあります．

⑧少ない消費電力で動作します．

　通常は約50mAの消費電力ですが，SLEEP命令でさらに低消費電力状態に移行できます．

　また，H8/300HのCPUは，H8/300に比べて次の点が改良されています．

- 汎用レジスタの拡張
- メモリの拡張
- アドレッシングモードの強化
- 命令の強化

第2章　H8マイコンとは

2.2 H8/3048F

❶ H8/3048Fの概要

H8/3048Fは，H8/300Hシリーズの代表的な機種です．仮に機種は違っても，H8ならば基本的な使い方は同じですから，まずはH8/3048Fの使い方をしっかりとマスターしましょう．図2・3に，H8/3048Fの外観を示します．

H8/3048Fは，1個のパッケージ（約15mm×15mm）に128KBのROM（フラッシュメモリ），4KBのRAM，各種タイマ，A-D／D-Aコンバータ，通信機能などを搭載した，動作クロック16MHzのシングルチップマイコンです（図2・4）．

ピン数は100本ですが，1本のピンを複数の用途に切り替えて使用するようになっています．

図2・3　H8/3048Fの外観

図2・4　H8/3048Fの主な機能

2・2 H8/3048F

入力／出力用のポートは，8ビット×7ポート，7，6，5，4ビット×各1ポートの計11ポート（78ピン）を備えています．ただし，入力専用ポートの8ビット×1ポートが含まれています．

ROMは，電気的に書き換え可能なフラッシュメモリを搭載しており，シリアルコミュニケーションインタフェース（SCI）機能と合わせて使用すれば，パソコンを接続してROMにプログラムを書き込むことが可能です．

H8/3048Fは，ROMの書込みに5Vと12Vの電圧が必要なので，簡単な回路ではありますが，ROMライタ装置（回路）を別途用意することが必要です．一方，H8/3048Fと同じ機能を搭載したH8/3048F-ONEやH8/3052Fのように，5V単一電源でROMの書込みができる機種もあります．これらの機種は，まだ割高で入手しづらかったので紹介だけにしましたが，今後は主流になってくると考えられます．

❷ H8/3048Fボード

H8/3048Fは，ピン数が多く，ピン間隔も狭いので，一般の方が実際に使用する場合には，市販のボードを購入するのがよいでしょう．図2・5に，市販のH8/3048Fボードの例を示します．

(a) 秋月電子通商　　　　　(b) AW電子

図2・5　市販されているH8/3048Fボード

図2・5(a)のAKI-H8/3048Fボードは，キット（主要ICは取り付け済み）で3～4千円程度，通販でも購入できます．ボードのサイズは，50mm×70mmなので，機器への組込みにも適しています．

第2章 H8マイコンとは

2・3 H8/3664F

❶ H8/3664Fの概要

　H8/3664Fは，H8/300H Tinyシリーズに属するマイコンです．先に紹介したH8/3048Fより機能は減りますが，同じ命令で動作する，安価で扱いやすいマイコンです．いわば弟分的な存在ですので，簡単に紹介しておきます．
　図2・6に，H8/3664Fの外観を示します．H8/3664Fは，1個のパッケージ（SDIP型は約14mm×38mm）に，32KBのROM（フラッシュメモリ），2KBのRAM，各種タイマ，A-Dコンバータ，通信機能などを搭載した，動作クロック16MHzのシングルチップマイコンです（図2・7）．SDIP型のピン数は，42本ですが，1本のピンを複数の用途に切り替えて使用するようになっています．この程度のピン数とピン間隔ならば，ソケットを使用して直接マイコンチップを扱うことも困難ではないでしょう．

図2・6 H8/3664Fの外観（SDIP型）

システムクロック発振器	H8/300H CPU
サブクロック発振器	RAM（2KB）
ROM（32KB）フラッシュメモリ	シリアルコミュニケーションインタフェース（SCI）
タイマW（16ビット）	ウォッチドッグタイマ（WDT）
タイマA（8ビット）	インターICバス（I^2C）
タイマV（8ビット）	A-Dコンバータ

図2・7 H8/3664Fの主な機能

2・3 H8/3664F

　入力／出力用のポートは，8ビット×3ポート，7ビット×1ポート，3ビット×2ポートの計6ポート（37ピン）を備えています．ただし，入力専用ポートの8ビット×1ポートが含まれています．

　H8/3048Fと同様に，フラッシュメモリ（ROM）を搭載しており，シリアルコミュニケーションインタフェース（SCI）機能と合わせて使用すれば，パソコンを接続してROMにプログラムを書き込むことが可能です．プログラムの書き込みは5Vなので，単一電源で使用可能です．

❷ H8/3664Fボード

　SDIP型のH8/3664Fならば，直接マイコンチップを扱うこともできるでしょうが，搭載ボードも市販されています．図2・8に，市販のH8/3664Fボードの例を示します．

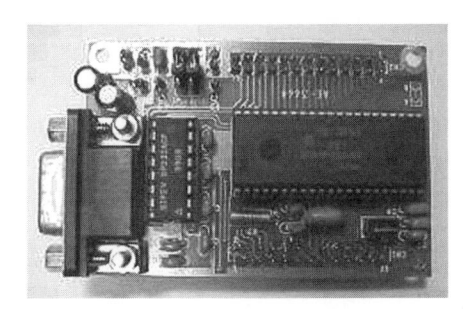

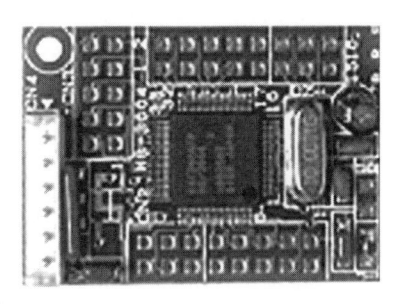

(a) 秋月電子通商（SDIP型）　　　　(b) イエローソフト（QFP型）

図2・8　市販されているH8/3664Fボード

　図2・8(a)のAKI-H8/3664Fボードは，キット（主要ICは取り付け済み）で2千円程度，通販でも購入できます．ボードのサイズは，47mm×72mmなので，機器への組込みにも適しています．

2·4 開発ツール

❶ ソフトウェア

　H8/3048Fのプログラムを開発する際に使用するソフトウェアについて見てみましょう．プログラムの開発には，アセンブラ言語を使用するならアセンブラ，C言語を使用するならCコンパイラが必要となります．これらは，ソースファイルをマシン語ファイルに変換するソフトウェアです（図2·9）．

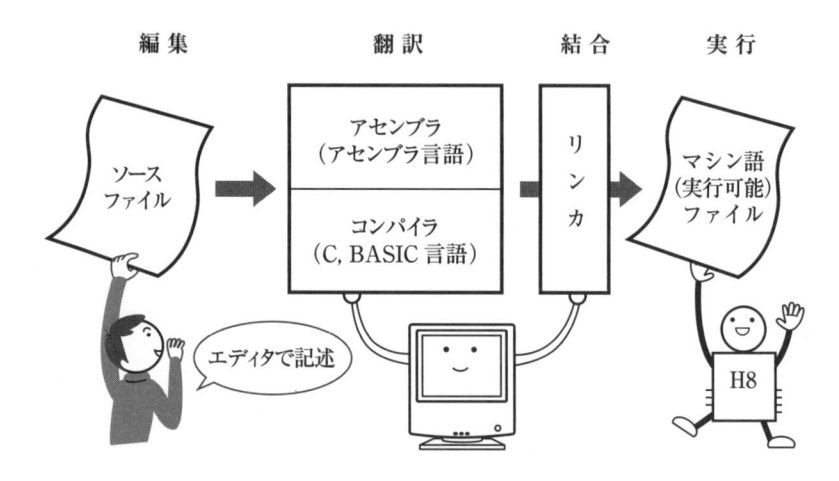

図2·9　アセンブラとコンパイラ

　マシン語に変換されたファイルは，**リンカ**というソフトウェアを使用して，必要な情報を組み込んで実行可能ファイルに変換します．多くの場合，リンカソフトはアセンブラやコンパイラに付属しています．
　アセンブラとコンパイラの他には，デバッガソフトなどを必要に応じて準備すればよいでしょう．次に，よく使用されている開発用ソフトウェアを紹介します．
①HEW（High-performance Embedded Workshop）
　HEWは，ルネサスエレクトロニクスが開発したWindows上で動作するH8シリーズ用の統合開発環境ソフトウェアです（図2·10）．

2・4 開発ツール

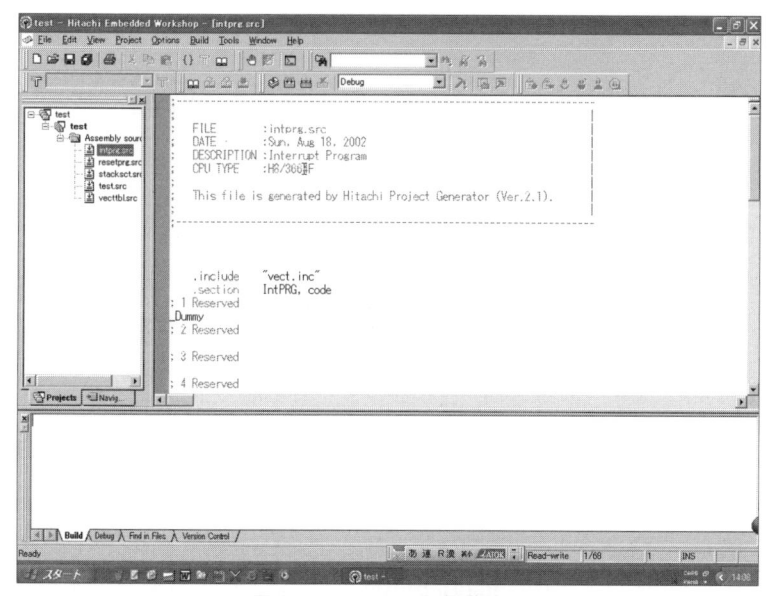

図2・10 HEWの起動画面

　画面のメニューから，使用するマイコンの機種を選択して使用できます．エディタはもちろん，アセンブラ，Cコンパイラ，デバッガ，シミュレータなどの機能を備えており，一連の作業を同じ画面上で行えるのでスムーズなプログラム開発が可能です．しかし，製品版は個人で購入するには高価です．

②秋月電子通商版

　秋月電子通商は，H8シリーズの各種ボードなどを販売していますが，同時に開発用ツールの提供も行っています．例えば，アセンブラ，Cコンパイラ，BASICコンパイラ，デバッガなどを各2千円程度で手に入れることができます（図2・11）．

　これらのソフトウェアは，Windows95/98のDOSモード上で動作します．

　また，開発キットと称した，マイコンボードと開発用ソフトウェアがセットになった製品ならば，より割安で購入できます．

　秋月電子通商版の開発ツールの使い方については，第6章で説明します．

第2章　H8マイコンとは

図2・11　安価な開発用ソフトウェアの例

❷ ハードウェア

　次に，プログラム開発に必要なハードウェアについて考えましょう．ソースファイルの作成，アセンブルやコンパイル作業にパソコンは必須です．さらに，作成した実行可能ファイルをH8/3048F内のフラッシュメモリ（ROM）に転送する際にも，パソコンを使用します．

● 通信インタフェース

　H8/3048Fとパソコンを接続するための通信機能（SCI）は，マイコンに内蔵されています．しかし，マイコン側の電圧は5Vなのに対して，パソコン側で使用するRS-232Cインタフェースは±12Vの電圧を扱います．したがって，電圧を調整する回路が必要になりますが，この回路は前に紹介したAKI-H8/3048Fマイコンボードなどに搭載されています．

● ROMライタ回路

　H8/3048FのROMにプログラムを書き込むには，5Vと12Vの2電源が必要でした．これを供給する回路と，パソコンとの接続に使用するコネクタを持った基盤を用意しましょう．

　以上のことから，プログラム開発に必要なハードウェアは，パソコン，マイコンボード，ROMライタ回路です（図2・12）．

2・4　開発ツール

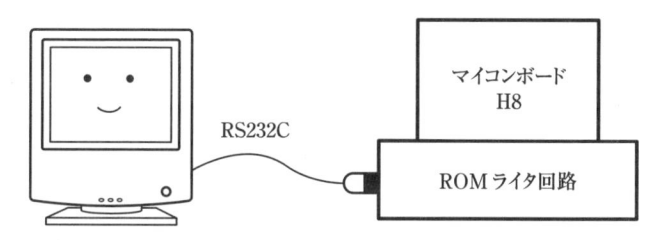

図2・12　必要なハードウェア

　例えば，秋月電子通商で販売している「H8マイコン専用マザーボード」という製品は，ROMライタ回路を備えており，H8/3048Fボードを差し込んで使用します．図2・13に，「H8マイコン専用マザーボード」に「AKI-H8/3048Fボード」を差し込んで，RS232Cケーブルでパソコンと接続した例を示します．
　また，プログラムの書込みに必要な「F-ZTAT」という名前のライタソフトは，秋月電子通商が提供しているアセンブラソフトのCD-ROMに収録されています．

図2・13　必要なハードウェアの例

● 実機
　作成したプログラムを動作させる環境（実機）は，第5章の「アセンブラ言語による実習」の中で，そのつど製作します．

第2章　H8マイコンとは

開発に使用するツール類の一例をまとめます．

● ソフトウェア
　ワードパッド（Windowsに付いているエディタ）
　アセンブラ（秋月電子通商），ライタ（アセンブラCDに収録）
　Cコンパイラ（秋月電子通商）

● ハードウェア
　パソコン（Windows95/98搭載）
　AKI-H8/3048Fボード（秋月電子通商）
　H8マイコン専用マザーボード（秋月電子通商）
　RS232Cケーブル，電源アダプタ（14〜20V 程度，200mA以上）など
　実機を製作するための電子パーツ（第5章参照）

第3章

マイコンでのデータ表現

コンピュータ内部では，電圧のあるなしを，数字の"1"と"0"に割り当てています．したがって，コンピュータ内部で直接扱える数字はこの2種類だけであり，2進数を基本としてデータ処理をしています．この章では，2進数や16進数，ディジタル回路の基礎について学びましょう．

第3章　マイコンでのデータ表現

3·1　2進数

❶ 2進数とは

10進数では，0，1，2，3，・・・，8，9，と数えていったときに，9の次で桁上がりをして10（ジュウ）になります．一方，**2進数**では，0，1，と数えていったときに，1の次で桁上がりをして10となります．このときの10は，「ジュウ」ではなく「イチゼロ」と読みます．表3·1に，10進数と2進数の対応を示しますので確認してください．

表3·1　10進数と2進数の対応

10進数	2進数	10進数	2進数
0	0	6	110
1	1	7	111
2	10	8	1000
3	11	9	1001
4	100	10	1010
5	101	11	1011

2進数は，10進数と区別するためにBinary（2進数）の頭文字を使って，例えば1011B，または$(1011)_2$と表記します．

2進数の桁のことを**ビット**（bit）といいますが，2進数nビットで表現できるデータの数は，2^nで求めることができます．例えば，2進数3ビットでは$2^3=8$通りのデータが表現できます（表3·2）．

表3·2　2進数3ビットでの表現

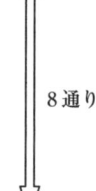

2進数		
0	0	0
0	0	1
0	1	0
0	1	1
1	0	0
1	0	1
1	1	0
1	1	1

8通り

3·1 2進数

コンピュータで2進数を扱う際には，2のn乗という値がよく出てきます．もちろん，2をn回乗算すればよいのですが，頻出する乗数の値は覚えておくと便利です（表3·3）．

表3·3 2のn乗

乗数	値	備考	乗数	値	備考
0	1	$X^0=1$	9	512	ごいちに
1	2	$X^1=X$	10	1024	2^{10}B=1KB
2	4		11	2048	
3	8		12	4096	
4	16		13	8192	
5	32	ざんに	14	16384	いちろくざんぱーよん
6	64		15	32768	ざんにななろっぱ
7	128	いちにっぱ	16	65536	ムコのごんざぶろう
8	256	にごろ	17	131072	

また，8ビットを1バイト（B），2^{10}バイト（B）を1キロバイト（KB），2^{10}キロバイト（KB）を1メガバイト（MB）と呼びます．例えば，16MB = 16 × 2^{10}KB = 16 384KB = 16 384 × 2^{10}B = 16 777 216B = 16 777 216 × 8ビットとなります．

2 2進数の計算

2進数の加減乗除の計算を確認しましょう．

①加算（＋）

1001B + 1100B

```
   1001
+) 1100
  10101
```

②減算（－）

1101B － 1011B

```
   1101
-) 1011
   0010
```

③乗算（×）

1101B × 1010B

```
      1101
  ×)  1010
      1101
+) 1101
  10000010
```

④除算（÷）

0100B ÷ 0010B

```
          10
  0010) 0100
     -) 10
        00
     -) 00
         0
```

❸ 2進数と10進数

ここでは，2進数と10進数の相互変換について理解しましょう．

①2進数 → 10進数

2進数を10進数に変換するには，各桁の**重み**を考えます．例えば，10進数の512は，図3・1のように構成されていると考えられます．

$$
\begin{array}{ccc}
5 & 1 & 2 \\
\downarrow & \downarrow & \downarrow \\
5 \times 100 & 1 \times 10 & 2 \times 1 \\
\downarrow & \downarrow & \downarrow \\
5 \times 10^2 & 1 \times 10^1 & 2 \times 10^0
\end{array}
$$

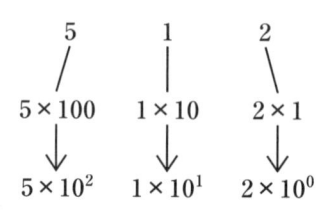

図3・1　10進数の512

つまり，0桁目から2桁目まで，それぞれ10^0，10^1，10^2の重みを各桁の数値(2,1,5)に乗じたものの和が，512なのです．ここで，桁の重みを表す，例えば0桁目の10^0の，10を**基数**と呼びます．

2進数では，基数の値は2として考えます．例題で2進数を10進数に変換してみましょう．

【例題】101011B → 10進数

2^5	2^4	2^3	2^2	2^1	2^0
1	0	1	0	1	1

$2^5 + 2^3 + 2^1 + 2^0$
$= 32 + 8 + 2 + 1 = 43$

つまり，2進数の101011Bは，10進数では43となります．

②10進数 → 2進数

次は，10進数を2進数に変換する方法です．10進数を2で次々に除算していき，答が0になったら終了します．そして，除算の余りを後の方から拾っていきます．すると，その余りの数列が，2進数に変換された値となります．例題で10進数を2進数に変換してみましょう．

【例題】57 → 2進数

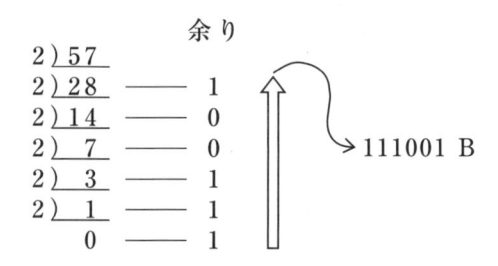

```
      余り
2)57
2)28 ── 1
2)14 ── 0
2) 7 ── 0      111001 B
2) 3 ── 1
2) 1 ── 1
   0 ── 1
```

つまり，10進数の57は，2進数では111001Bとなります．
このように，異なった進数に変換することを**基数変換**といいます．

❹ 補数

2進数では，「**1の補数**」と「**2の補数**」を扱います．

① 1の補数

例えば，4ビットの2進数$B_3B_2B_1B_0$を考えたとき，$B_3B_2B_1B_0 + X_3X_2X_1X_0 = 1111$となるような$X_3X_2X_1X_0$を1の補数といいます．1の補数は，$B_3B_2B_1B_0$を否定すれば求められます．否定とは，数値が0なら1へ，1なら0へ反転することです．

【例題】100101Bの1の補数を求める

各ビットを反転した，011010Bが答です．また，100101 + 011010 = 111111となります．

② 2の補数

例えば，4桁の2進数$B_3B_2B_1B_0$を考えたとき，$B_3B_2B_1B_0 + Y_3Y_2Y_1Y_0 = 10000$となるような$Y_3Y_2Y_1Y_0$を2の補数といいます．2の補数は，$B_3B_2B_1B_0$を否定した結果に1を加算すれば求められます．つまり2の補数は，1の補数に1を加算したものとなります．

【例題】1011Bの2の補数を求める

0100（1の補数）+ 1 = 0101が答です．また，1011 + 0101 = 10000となります．
図3・2に，1の補数と2の補数を求める方法を示します．

第3章 マイコンでのデータ表現

```
元データ    | 0 | 1 | 1 | 0 | 1 | 0 | 1 | 0 |
              ⇓ NOT
1の補数     | 1 | 0 | 0 | 1 | 0 | 1 | 0 | 1 |
              ⇓ +1
2の補数     | 1 | 0 | 0 | 1 | 0 | 1 | 1 | 0 |
```

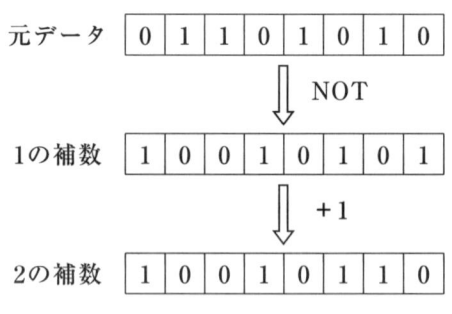

図3・2　1の補数と2の補数を求める方法

補数を使うと，減算を加算として計算することができます．

【例題】1101B − 1010B　（補数を使って計算する）

1010Bの2の補数を求めると，0110Bとなり，例題は次のような加算に書き換えることができます．

1101B − 1010B　→1101B + 0110B

この加算結果の下位4ビット0011Bが答となります．

```
   1101
+) 0110
  10011  ←—— 1101B − 1010Bの答
```

5 負の数の表現

例えば，16ビットのデータ長で表現できるのは，2^{16} = 65 536通りの情報です．これをそのまま正の数に割り当てると，0〜65 535までの数を扱えます．また，負の数も含めて割り当てると−32 768〜+32 767までの数を扱えます．正の数が+32 768でないのは，0の割り当て分があるからです．

一方，コンピュータ内部では，"0"か"1"のデータしか扱えませんので，−（マイナス）や+（プラス）といった記号を直接扱うことはできません．したがって，負の数を扱う場合には，何かしらの工夫が必要となります．ここでは，前に学んだ補数を使った負の数の表現方法について学習しましょう．

例えば，正の数の+1101Bは，最上位ビットに"0"を付加して，01101Bと表

現します．そして負の数の−1101Bは，01101Bの2の補数10011Bを用いて表します．つまり，負の数は，その数の絶対値の2の補数を用いて表現するのです．表3・4に，この方法を用いた数値の対応を示します．

　正の数では2進数の最上位ビットが"0"ですが，負の数では最上位ビットが"1"になっていることに注目してください．

表3・4　補数を使った数値表現

10進数	2進数	10進数	2進数
−8	1000	0	0000
−7	1001	+1	0001
−6	1010	+2	0010
−5	1011	+3	0011
−4	1100	+4	0100
−3	1101	+5	0101
−2	1110	+6	0110
−1	1111	+7	0111

3・2 16進数

1 16進数とは

コンピュータが直接的に理解できるのは2進数ですが，"0"と"1"が連続したデータは人間にとってはとても扱いにくいものです．このため，2進数と相性のよい16進数がよく使用されます（図3・3）．

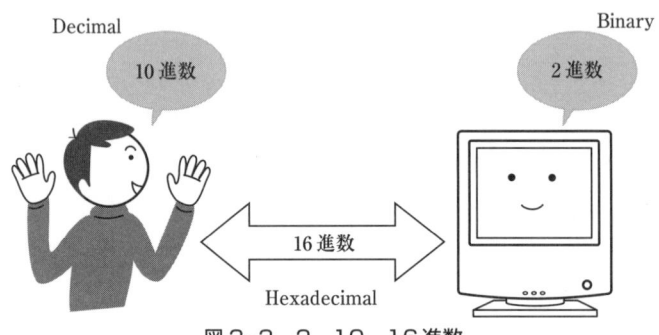

図3・3　2，10，16進数

16進数では，数字の0～9に加え，アルファベットのA～Fを使用して16種類の数字を表します．0, 1, 2, …, 9, A, B, C, D, E, Fと数えていった場合，Fの次に桁上がりをして，10（イチゼロ）となります．表3・5に，10進数と16進数の対応を示します．

表3・5　10進数と16進数の対応

10進数	16進数	10進数	16進数
0	0	9	9
1	1	10	A
2	2	11	B
3	3	12	C
4	4	13	D
5	5	14	E
6	6	15	F
7	7	16	10
8	8	17	11

16進数は，10進数などと区別するためにHexadecimal（16進数）の頭文字を使って，例えば3DHや3dh，または$(3D)_{16}$と表記します．

❷ 16進数と10進数

16進数と10進数の基数変換について学習しましょう．

① 16進数 → 10進数

16進数を10進数に変換する場合には，16進数の基数16を使って各桁の重みを考えます．例題で確認しましょう．

【例題】1DBH → 10進数

16^2	16^1	16^0
1	D	B

$(1 \times 16^2) + (D \times 16^1) + (B \times 16^0)$
$= 256 + 208 + 11 = 475$

つまり，16進数の1DBHは，10進数では475となります．

② 10進数 → 16進数

10進数を2進数に変換する場合には，10進数を次々と2で割っていきました．16進数に変換する場合には，16で割っていきます．そして，除算の余り（0～F）を後から拾っていきます．

【例題】708 → 16進数

```
      余り
16) 708
16)  44 ── 4
16)   2 ── 12 → C  → 2C4H
      0 ── 2
```

つまり，10進数の708は，16進数では2C4Hとなります．

❸ 16進数と2進数

16進数の1桁は，2進数の4ビットで表現できます．したがって，16進数1桁ごとに，2進数4ビットの重みを考えれば，互いに基数変換をすることができます．図3・4に，2進数4ビットの重みを示します．

第3章 マイコンでのデータ表現

2^3	2^2	2^1	2^0
8	4	2	1

図3・4　2進数4ビットの重み

① 16進数　→　2進数

16進数を2進数に変換する場合には，16進数を1桁ごとに，2進数4ビットに置き換えていきます．

【例題】4ECH →　2進数

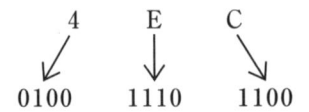

```
   4      E      C
   ↓      ↓      ↓
 0100   1110   1100
```

つまり，16進数の4ECHは，2進数では10011101100Bとなります．

② 2進数　→ 16進数

2進数を16進数に変換する場合には，2進数を下位ビットから4ビットごとに区切り，16進数1桁に置き換えていきます．

【例題】1011101011B　→　16進数

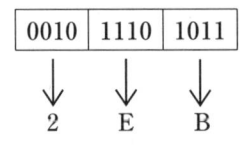

0010	1110	1011
↓	↓	↓
2	E	B

つまり，2進数の1011101011Bは，16進数では2EBHとなります．

3・3 ディジタル回路

1 論理回路

ディジタル回路で使用する基本的な論理回路には，AND（論理積），OR（論理和），NOT（論理否定），XOR（排他的論理和）などがあります．H8マイコンも，これら4種類の論理演算命令を備えています．

表3・6に，これら基本的な論理回路についてまとめたものを示します．

論理回路に入力する"0"と"1"のすべての組み合わせに対する出力を示した表を**真理値表**といいます．

OR回路では，A，Bの両方の入力に1を入れた場合，1+1=1となることに注意してください．

2 算術演算と論理演算

私たちが，日常で使う計算は**算術演算**といいます．算術演算では，場合によって上位ビットへの桁上がり（加算時）や，上位ビットからの借り（減算時）が発生することがあります．一方，**論理演算**は，ビットごとに演算が終わりますので，桁上がりや借りは生じません．

表3・6 基本的な論理回路

論理回路	AND	OR	NOT	XOR
読み方	アンド	オア	ノット	イクスクルーシブオア
図記号	A,B→F	A,B→F	A→F	A,B→F
論理式	$F = AB$	$F = A+B$	$F = \overline{A}$	$F = \overline{A}B + A\overline{B}$ または $F = A \oplus B$
真理値表	A B F 0 0 0 0 1 0 1 0 0 1 1 1	A B F 0 0 0 0 1 1 1 0 1 1 1 1	A F 0 1 1 0	A B F 0 0 0 0 1 1 1 0 1 1 1 0

第3章　マイコンでのデータ表現

次の例題で，算術演算と論理演算の違いを確認してください．
【例題】1001Bと0101Bについて，算術的な積と論理的な積を計算しなさい

①算術演算

```
    1001
 ×) 0101
    1001
 ×)1001
  101101
```

②論理演算

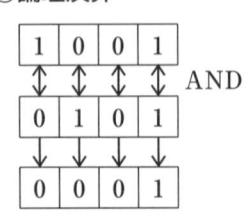

1	0	0	1

↕ ↕ ↕ ↕　AND

0	1	0	1

↓ ↓ ↓ ↓

0	0	0	1

　H8でも，算術演算命令（ADD, SUB, MULXU, DIVXUなど）と論理演算命令（AND, OR, NOT, XOR）は異なりますので注意してください．

❸ マスク操作

マスク（mask）とは，「覆い隠す」という意味ですが，ディジタル回路において特定のビットデータを操作する際にも「マスクする」という言葉が使われます．次の例題で，マスク操作の例をみてみましょう．

【例題1】11011001Bの下位4ビットを"0"にクリアしなさい

　この場合には，ANDを使用します．もとのデータと11110000BのAND（論理積）を計算します．

```
     1101|1001B ……… 元データ
AND )1111|0000B ……… マスクデータ
     1101|0000B
```

↑　　　　↑
変化なし　　"0"にクリア

【例題2】10010110Bの上位2ビットを"1"にセットしなさい

　この場合には，ORを使用します．もとのデータと11000000BのOR（論理和）を計算します．

```
     10|010110B ……… 元データ
 OR )11|000000B ……… マスクデータ
     11|010110B
```

↑　　　　↑
"1"にセット　　変化なし

【例題3】10111101Bの上位4ビットを反転しなさい

この場合には，XORを使用します．もとのデータと11110000BのXOR（排他的論理和）を計算します．

```
    1011 1101B ……… 元データ
XOR)1111 0000B ……… マスクデータ
    0100 1101B
     ↑    ↑
    反転  変化なし
```

このように，マスク操作を用いることで，狙ったビットに各種の処理を施すことができます．

❹ シフト操作とローテイト操作

H8の命令に対応させて，シフト操作とローテイト操作について説明します．H8は，**CCR**（コンディションコードレジスタ）という8ビットのレジスタを備えています．その中の**C**（キャリ）**フラグ**と呼ばれるビットは，桁上がりの情報を格納する領域です．**フラグ**（flag）は旗という意味ですが，命令の実行によってその値（"0"か"1"）を変化させる動作が異なります．したがって，ある命令を実行した後にフラグの変化をチェックして次の命令を選択する，などの利用法があります．

シフト操作とローテイト操作では，汎用レジスタのデータを操作する際に，このCフラグが自動的に使用されます．

①シフト操作

シフト（shift）とは，ずらすという意味です．この意味のように，データを左右どちらかの方向にずらす操作を**シフト操作**といいます．シフト操作には，**算術シフト**と**論理シフト**があります．

● 算術シフト

図3・5に，8ビットデータの算術シフトを示します．

第3章 マイコンでのデータ表現

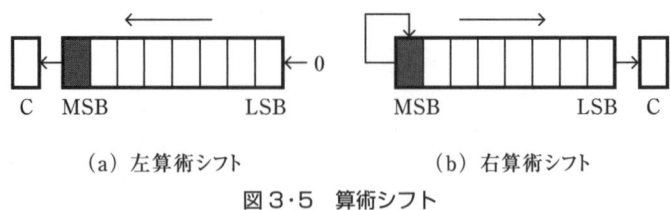

　　　（a）左算術シフト　　　　　　（b）右算術シフト
　　　　　　　　図3・5　算術シフト

　左算術シフトでは，**最上位ビット(MSB)** を符号情報と考え，消失しないようにCフラグへ格納します．そして，**最下位ビット(LSB)** には"0"が代入されます．また，右算術シフトでは，最上位ビットは移動しないので，符号の変化は起こりません．H8では，左算術シフトにSHAL命令，右算術シフトにSHAR命令があります．

● 論理シフト
　図3・6に，8ビットデータの論理シフトを示します．論理シフトでは，符号ビットということを考慮せずにシフト操作を行います．H8では，左論理シフトにSHLL命令，右論理シフトにSHLR命令があります．

　　　（a）左論理シフト　　　　　　（b）右論理シフト
　　　　　　　　図3・6　論理シフト

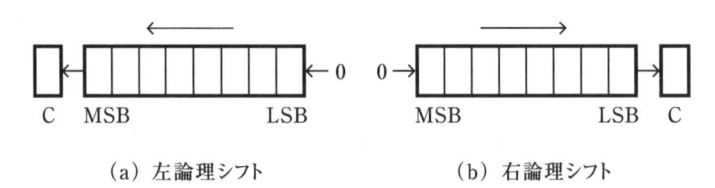

　左シフトの場合には，算術シフトと論理シフトの結果は同じになります．しかし，CCRにある**V（オーバフロー）フラグ**の動作が異なります．具体的には，左算術シフトの場合オーバフローが発生（MSBから"1"がCフラグへ移動）した場合にVフラグは"1"となります．一方，左論理シフトの場合には，シフト後はVフラグを常に"0"にクリアします．

　2進数を対象とした左（右）シフト操作では，1ビットのシフトごとにシフト結果は，元のデータの2倍（1／2倍）となります．

3・3 ディジタル回路

②ローテイト操作

ローテイト（rotate）とは，回転するという意味です．この意味のように，データを左右どちらかの方向に回転移動する操作を**ローテイト操作**といいます．MSBまたはLSBのデータが循環する点が，シフト操作とは異なります．ローテイトには，通常のローテイトと**キャリ付きローテイト**があります．

● ローテイト

図3・7に，8ビットデータのローテイトを示します．

左ローテイトでは，MSBから出たビットデータはLSBに移動すると同時に，Cフラグにも反映されます．また，右ローテイトでは，LSBから出たビットデータはMSBに移動すると同時に，Cフラグにも反映されます．

H8では，左ローテイトにROTL命令，右ローテイトにROTR命令があります．

　　　（a）左ローテイト　　　　　（b）右ローテイト
　　　　　　図3・7　ローテイト

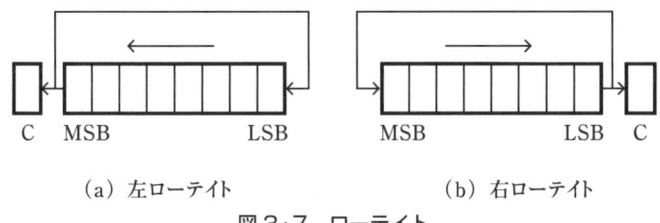

● キャリ付きローテイト

図3・8に，8ビットデータのキャリ付きローテイトを示します．

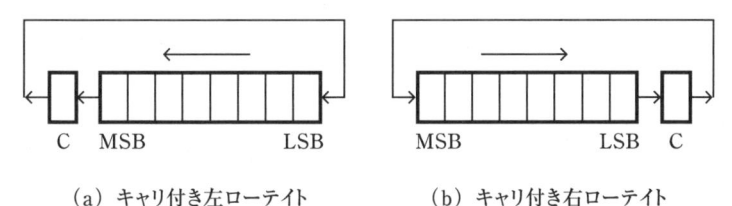

　　（a）キャリ付き左ローテイト　　（b）キャリ付き右ローテイト
　　　　　図3・8　キャリ付きローテイト

キャリ付きローテイトは，Cフラグを移動ビットに含めてローテイトを行います．H8では，キャリ付き左ローテイトにROTXL命令，キャリ付き右ローテイトにROTXR命令があります．

第3章　マイコンでのデータ表現

5 スイッチ回路

　スイッチを使ってデータ入力を行う際の注意点を考えましょう．図3・9(a)のスイッチ回路では，スイッチがOFFで端子Aがどこにもつながっていない（オープン）状態となっています．この状態は，不安定であり誤動作の原因となることがありますから，抵抗を使って図3・9(b)のように端子Aが常に"0"か"1"の状態となるように配線することが必要です．この(b)ように使用する抵抗を**プルダウン抵抗**といいます．スイッチONで端子Aが"0"になるように配線する場合には，端子Aと+5Vの間に**プルアップ抵抗**を使用します．

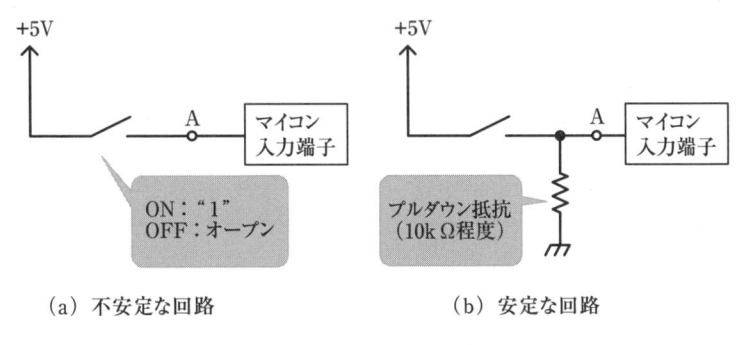

(a) 不安定な回路　　　　　　(b) 安定な回路

図3・9　スイッチ回路

　また，機械式スイッチは，接点表面に凹凸があるために，動作の直後ではONとOFFを繰り返す不安定な状態になります．この現象を**チャタリング**といい，誤動作の原因となってしまう場合があります（図3・10）．チャタリングを防止するためには，RS-FFやシュミットトリガなどを使用した回路を用います．

　その他，ソフトウェアで，時間差をつけてスイッチの状態を2回取り込んで，両方のデータが同じかどうかをチェックすることでチャタリングによる誤動作を防ぐ方法もあります．

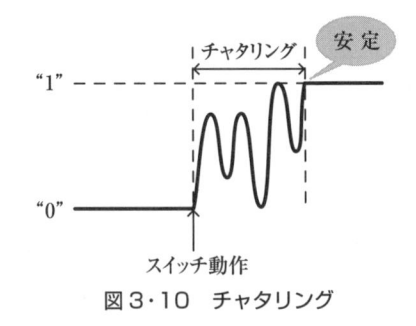

図3・10　チャタリング

第4章

H8/3048Fマイコンの基礎

H8/3048Fは，H8/300Hシリーズに属するマイコンで，高性能な割には扱いやすく，安価な搭載ボードが入手しやすいことなどから広く使用されています．そして，このマイコンの基本構成や扱い方は，他のH8の機種を使用する場合でも共通することが多くあります．

　この章では，H8/3048Fを実際に使用する場合に必要となる，基本構造や動作原理などについて学習しましょう．

第4章 H8/3048Fマイコンの基礎

4・1 アーキテクチャ

❶ アーキテクチャの概要

H8/3048Fは，H8/300H CPUを中心に，4KBのRAMと128KBのROM（フラッシュメモリ），豊富な周辺機能を搭載した最大動作クロック16MHzのシングルチップマイコンです．

図4・1に，H8/3048Fのピン置配を示します．総ピン数は100本（4辺から各25本）ですが，その中で制御の入出力用に使用できるピンが計78本あります．た

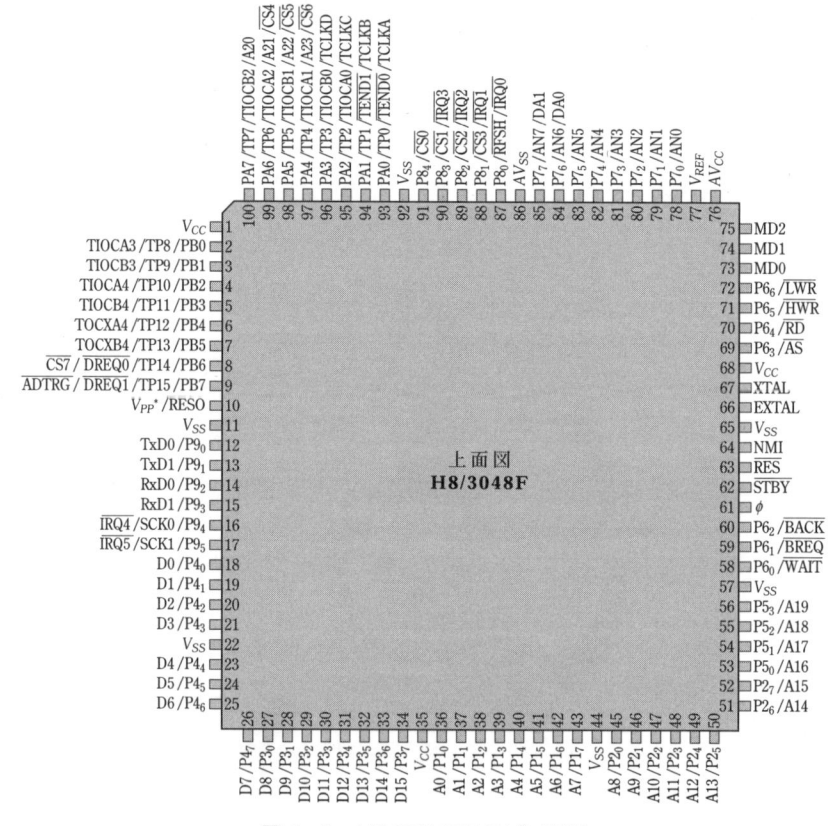

図4・1 H8/3048Fのピン配置

4・1 アーキテクチャ

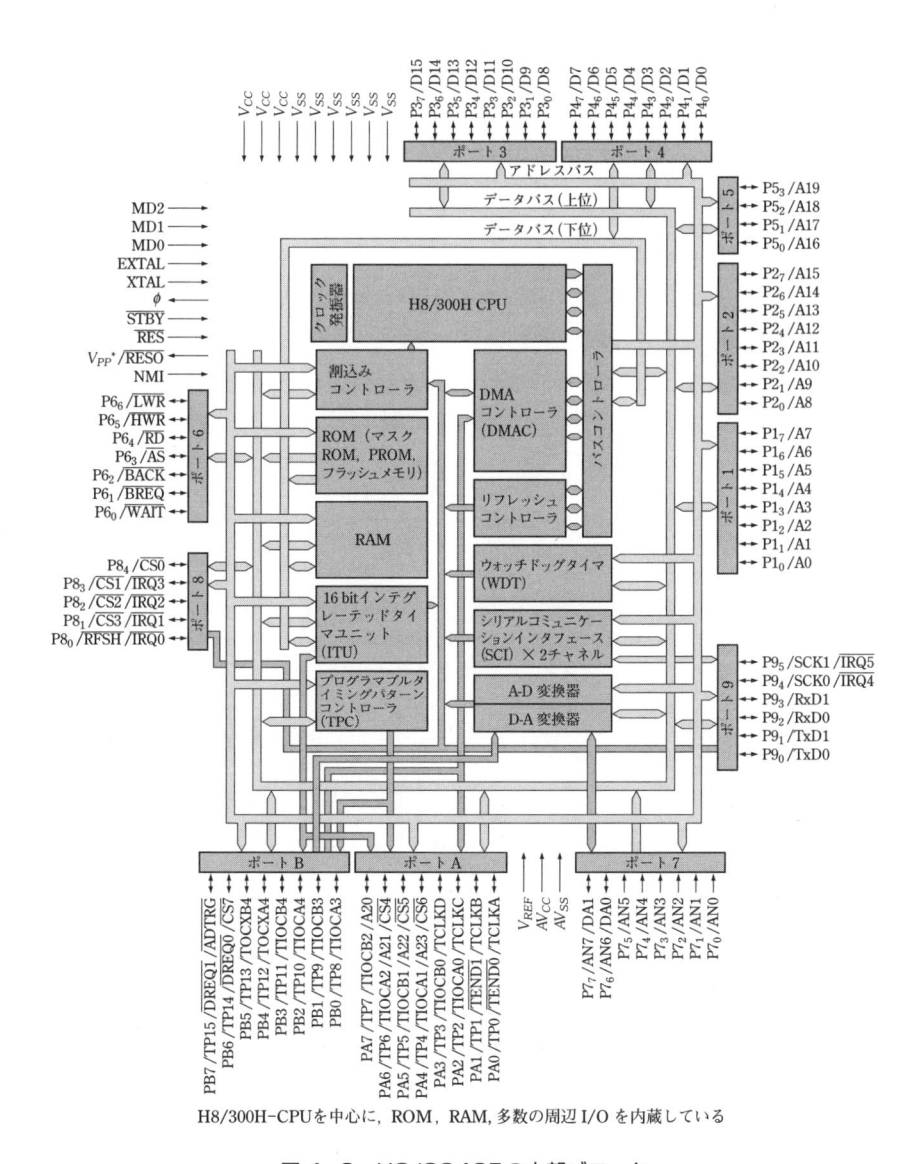

図4・2 H8/3048Fの内部ブロック

H8/300H-CPUを中心に，ROM，RAM，多数の周辺I/Oを内蔵している

第4章　H8/3048Fマイコンの基礎

だし，$P7_0$～$P7_7$までは入力専用のピンです．例えば，PA0のように"P"で始まる名前のピンが入出力ピンです．すべての入出力ピンは，他の機能との兼用ピンになっていますので，他の機能を使用する際には入出力ピンとしては使用できなくなります．また，市販のH8/3048Fボードでは，パソコンとの通信用など，すでに使用済みのピンもありますから注意が必要です．

図4・2に，H8/3048Fの内部ブロックを示します．マイコン制御に必要なほとんどの機能を搭載していますので，あとは水晶振動子などを接続して，5Vの電源を供給すれば動作可能です．

❷ H8/3048Fの考え方

H8/3048Fのアーキテクチャ（構造）を理解するためには，CPU，メモリ，入出力ポート，周辺機能の4ブロックに分類して考えるとよいでしょう（図4・3）．

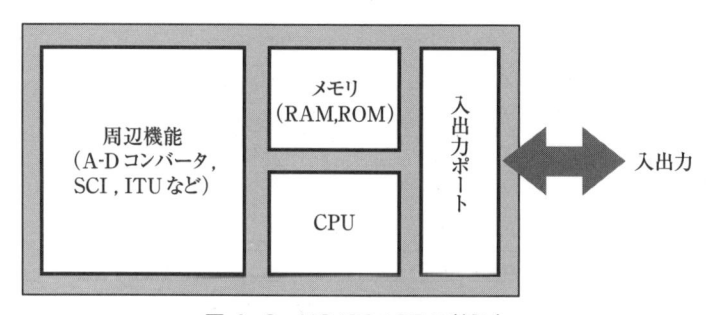

図4・3　H8/3048Fの考え方

次に，この4個のブロックそれぞれについて説明していきます．初めは，メモリから学習しましょう．

4・2 メモリ

1 メモリマップ

H8/3048Fは，メモリや外部バスの選択法によって7種類の**動作モード**をもっています（表4・1）．モードの切替えは，モード設定端子MD_0〜MD_2ピンを使用して行います．

表4・1 動作モードの種類

動作モード	端子設定			内容			
	MD_2	MD_1	MD_0	アドレス空間	バスモード初期状態	内蔵ROM	内蔵RAM
−	0	0	0	−	−	−	−
モード1	0	0	1	拡張モード	8ビット	無効	有効
モード2	0	1	0	拡張モード	16ビット	無効	有効
モード3	0	1	1	拡張モード	8ビット	無効	有効
モード4	1	0	0	拡張モード	16ビット	無効	有効
モード5	1	0	1	拡張モード	8ビット	有効	有効
モード6	1	1	0	拡張モード	8ビット	有効	有効
モード7	1	1	1	シングルチップアドバンストモード	−	有効	有効

モード7は，外部メモリを接続せずに，内蔵のRAMとROMを使用する**シングルチップアドバンストモード**と呼ばれる1MBのメモリ空間を扱うモードです．このモード7では，外部アドレスピン（A0〜19）と外部バスピン（D0〜D15）を使用しませんので，これらと兼用しているピンのすべてを入出力用に使用できます．

本書では，このモード7を使います．図4・4に，モード7でのメモリマップ（メモリの割り当てを示した図）を示します．アドレスの表示は上位4ビットを省略しています．

モード7では，ROMが00000H〜1FFFFH番地，RAMがFEF10H〜FFF0FH番地に割り当てられます．

第4章　H8/3048Fマイコンの基礎

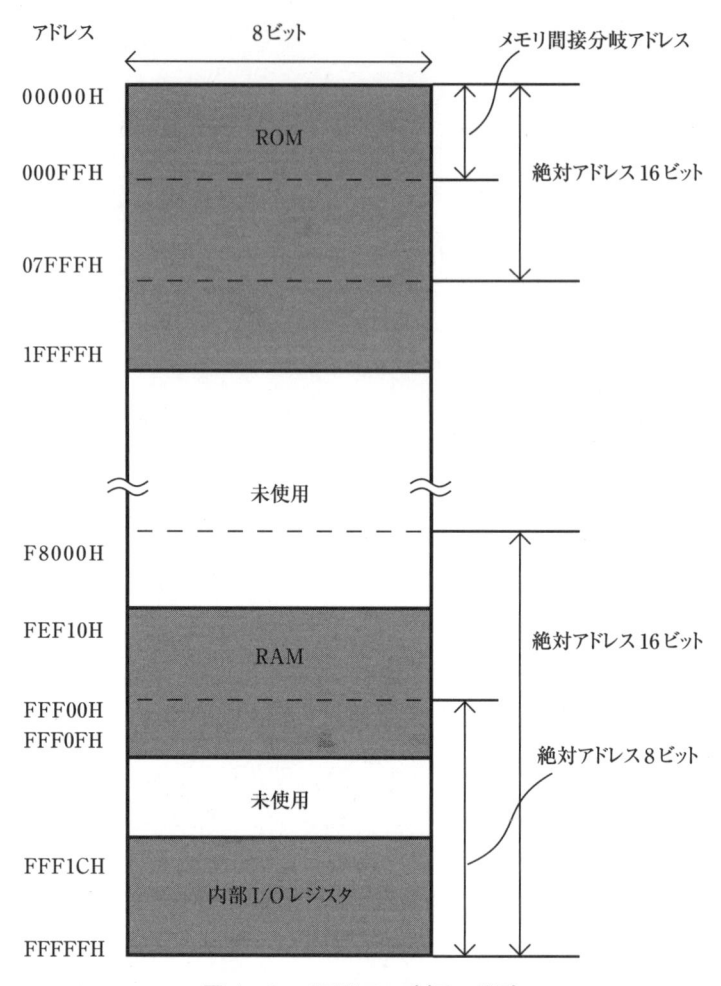

図4・4　メモリマップ（モード7）

　FFF1CH〜FFFFFH番地には，内蔵周辺機能の動作やポートの設定を行うための内部I/Oレジスタが割り当てられています．この番地をアクセスすれば，あたかもメモリ内のデータを扱うかのように，周辺機能を操作することができるのです．このように，メモリマップに周辺機能を割り当てて使用する方式を，**メモリマップI/O方式**といいます．

図4・4の右側に書いてある，絶対アドレス16ビットとは，メモリのアドレスを16ビットで指定できる領域です．メモリアドレスは，本来24ビットなのですが，短いビット長を用いることでアクセスの高速化が行えます．同様に，絶対アドレス8ビットとは，メモリのアドレスを8ビットで指定できる領域です．また，メモリ間接分岐アドレスとは，この領域に格納されているデータをアドレスとして使用する方法で，JMP命令とJSR命令で使用します(78ページ参照)．

2 RAM

内蔵RAMは，FEF10H～FFF0FH番地に割り当てられています．このRAMは，CPUと16ビットの内部データバスで接続されており，バイト(8ビット)単

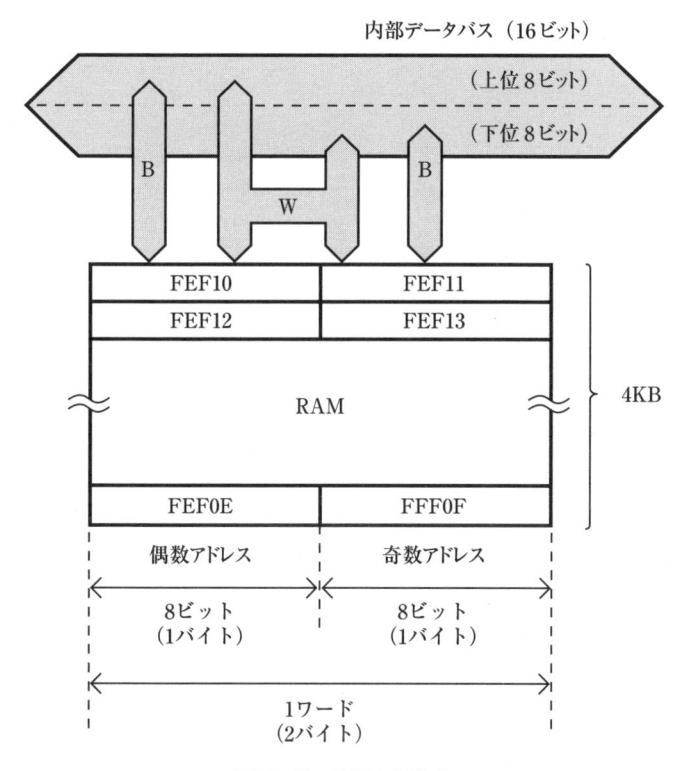

図4・5 RAMの構成

位，またはワード（2バイト）単位での読み書きが可能です（図4・5）。バイトデータはデータバスの上位8ビット，ワードデータは16ビットすべてを使用して，どちらも2クロック（81ページ参照）でアクセスできます．

　メモリ1領域の幅は8ビットですから，ワード単位でデータをアクセスする際には2領域を使用しますので，偶数番地のアドレスを指定する必要があります．

　RAMの有効／無効は，メモリの内部I/OレジスタFFFF2H番地にある，システムコントロールレジスタSYSCRのビット（RAME）で設定します（図4・6）．

ビット	7	6	5	4	3	2	1	0
SYSCR	SSBY	STS2	STS1	STS0	UE	NMIEG	/	RAME

（FFFF2H 番地）

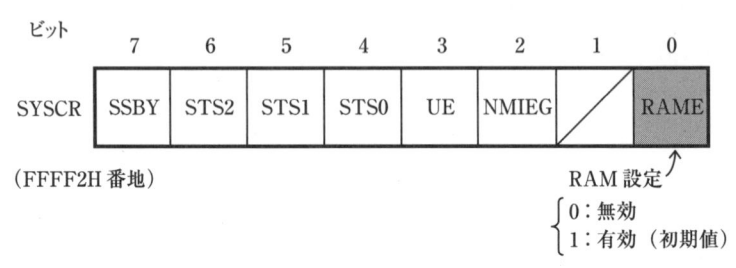

RAM 設定
- 0：無効
- 1：有効（初期値）

図4・6　SYSCR

❸ ROM

　ROMは，00000H～1FFFFH番地に割り当てられています．ROMも，RAMと同様にCPUと16ビットの内部データバスで接続されており，バイト（8ビット）単位，またはワード（2バイト）単位での読み書きが可能です（図4・7）．

　バイトデータはデータバスの上位8ビット，ワードデータは16ビットすべてを使用して，どちらも2クロックでアクセスされる点もRAMと同じです．しかし，有効／無効の設定は，モード設定端子MD_0～MD_2ピンを使って動作モードを選択するしかありません（53ページ参照）．

　H8/3048Fに内蔵されているROMは，電気的にプログラムの書込みや消去の可能なフラッシュメモリです．プログラムを書き込んだ後は，RAMと異なり，電源を切ってもプログラムを保持します．フラッシュメモリの1バイト当たりの書き込み時間は50μs，消去時間は1s程度であり，100回までの書換えが保証されています．

4・2 メモリ

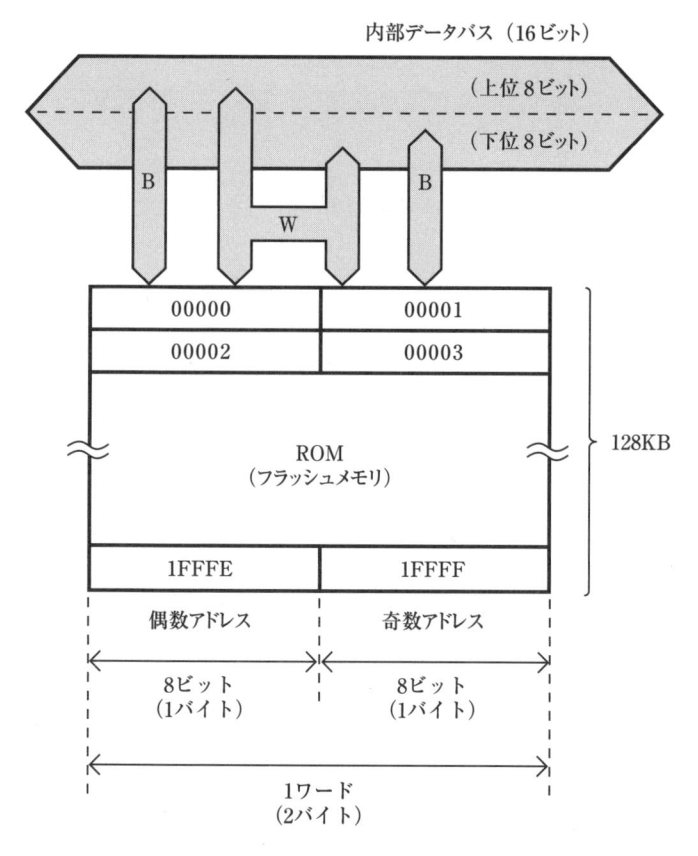

図4・7　ROMの構成

4·3 CPU

❶ CPUの構成

H8/3048Fは，内部に32ビット構成の高速CPUを搭載しています．図4・8に，CPUの構成を示します．

ALU(Arithmetic and Logic Unit)は，**算術論理演算装置**とも呼ばれる，演算を行う中核となる装置です．しかし，演算の対象となるデータや演算結果は，ERn(汎用レジスタ)に格納されますので，プログラムを作成する場合には，ALUよりもむしろERnの使用法が重要になります．

PC(プログラムカウンタ)は，次に実行する命令のアドレスを示すレジスタであり，**CCR**(コンディションコードレジスタ)は，各種のフラグが集まったレジスタです．PCとCCRを合わせて**コントロールレジスタ**ともいいます．

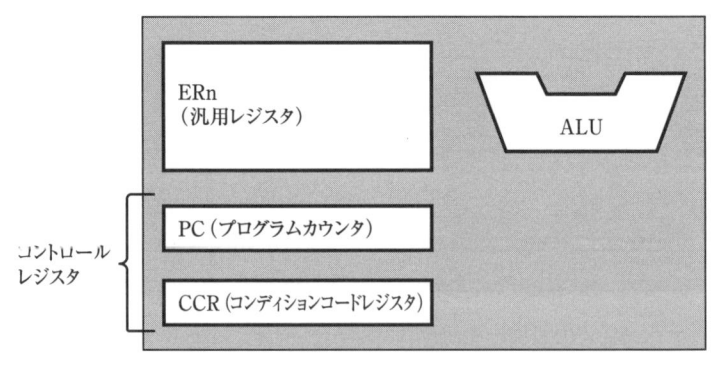

図4・8　CPUの構成

❷ 汎用レジスタ(ERn)

H8/3048Fは，32ビットの汎用レジスタを8本(ER0～ER7)備えています(図4・9)．すべての汎用レジスタは同じ機能をもっており，同等に使用できますが，ER7は後で学ぶ**SP**(スタックポインタ)として使用することができます．

また各汎用レジスタは，分割することで16ビットまたは8ビットレジスタとして使用することができます．

4・3 CPU

	16ビット	16ビット	
	15　　　　0	8ビット 7　　0	8ビット 7　　0
ER0	E0	R0H	R0L
ER1	E1	R1H	R1L
ER2	E2	R2H	R2L
ER3	E3	R3H	R3L
ER4	E4	R4H	R4L
ER5	E5	R5H	R5L
ER6	E6	R6H	R6L
ER7	E7	R7H	R7L ← SP（スタックポインタ）

図4・9　汎用レジスタの構成

図4・10に，汎用レジスタを分割する場合の使用方法を示します．

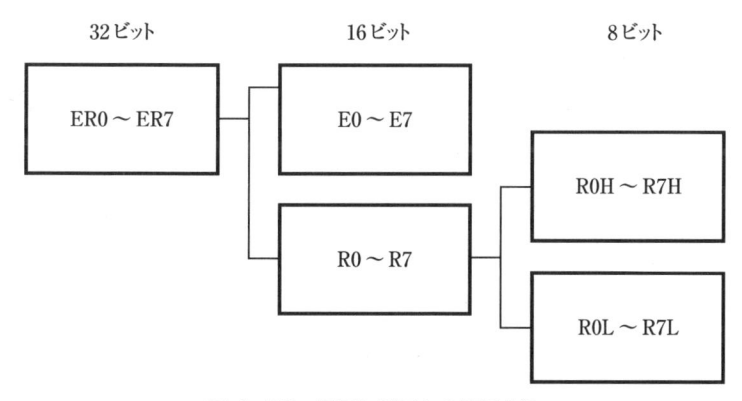

32ビット：ER0〜ER7
16ビット：E0〜E7，R0〜R7
8ビット：R0H〜R7H，R0L〜R7L

図4・10　汎用レジスタの使用方法

第4章 H8/3048Fマイコンの基礎

汎用レジスタの初期値は不定ですので，必要に応じて**初期化**することを忘れないでください．

3 コントロールレジスタ

コントロールレジスタには，24ビットのPC（プログラムカウンタ）と8ビットのCCR（コンディションコードレジスタ）があります．

①PC

PCは，CPUが次に実行する命令のメモリのアドレスを格納しているレジスタです（図4・11）．PCの値は，メモリから1個の命令を取り出すたびに格納値を増加していき，次の命令を取り出せるようにします．

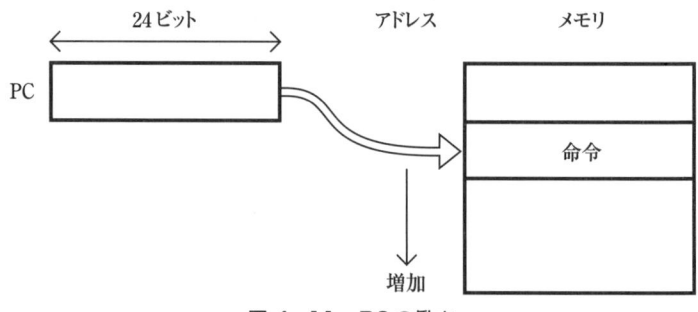

図4・11 PCの働き

②CCR

CCRは，CPUの内部状態を示す8ビットのレジスタです（図4・12）．

| I | UI | H | U | N | Z | V | C |

I：割込みマスクビット
UI：ユーザビット／割込みマスクビット
H：ハーフキャリフラグ
U：ユーザビット
N：ネガティブフラグ
Z：ゼロフラグ
V：オーバフローフラグ
C：キャリフラグ

図4・12 CCRの内容

- ビット7：割込みマスクビット(I)
  "1"をセットすると割込みを禁止します（NMIを除く）．
- ビット6：ユーザビット／割込みマスクビット(UI)
  LDC命令などで読み書きできるので，ユーザが使用することができます．また，割込み用に使用こともできます．
- ビット5：ハーフキャリフラグ(H)
  ビット0のキャリフラグと同じ機能ですが，バイト命令やワード命令などに応じて，チェックするビットの位置を変えます．
- ビット4：ユーザビット(U)
  LDC命令などで読み書きできるので，ユーザが使用できます．
- ビット3：ネガティブフラグ(N)
  データの最上位ビットを符号ビットとみなし，その値を格納します．
- ビット2：ゼロフラグ(Z)
  データがゼロのとき"1"，ゼロ以外のとき"0"となります．
- ビット1：オーバフローフラグ(V)
  算術演算命令を実行したときに，オーバフローがあれば"1"，なければ"0"となります．
- ビット0：キャリフラグ(C)
  符号なし演算の実行で，キャリ（最上位桁からの桁上がりや，最上位桁に借りの発生）があったとき"1"，ないときは"0"になります．

　I，H，N，Z，V，Cの各フラグは，実行する命令によって動作する場合としない場合がありますので，フラグを使用する場合には命令表で確認することが必要です．

第4章 H8/3048Fマイコンの基礎

❹ スタックポインタ

　スタックポインタ（SP: Stack Pointer）は，サブルーチンや割込み処理を実行する場合に必要となる機能です．例としてサブルーチンを取り上げて，その機能について学びましょう．

　同じ処理を何度も使用する場合や，プログラムを機能単位で記述する場合などにはサブルーチンを用いると便利です．H8には，JSRやBSRなどのサブルーチン用の命令があります．

　実行する命令の格納アドレスは，PCによって示されていますが，サブルーチンを実行する場合には，サブルーチンの先頭アドレスへジャンプします．したがって，サブルーチンを実行した後に戻ってくるべきアドレスをメモリのどこかへ格納しておく必要があります．このための格納領域を**スタック**といいます．SPは，スタックのアドレスを指示するレジスタです（図4・13）．

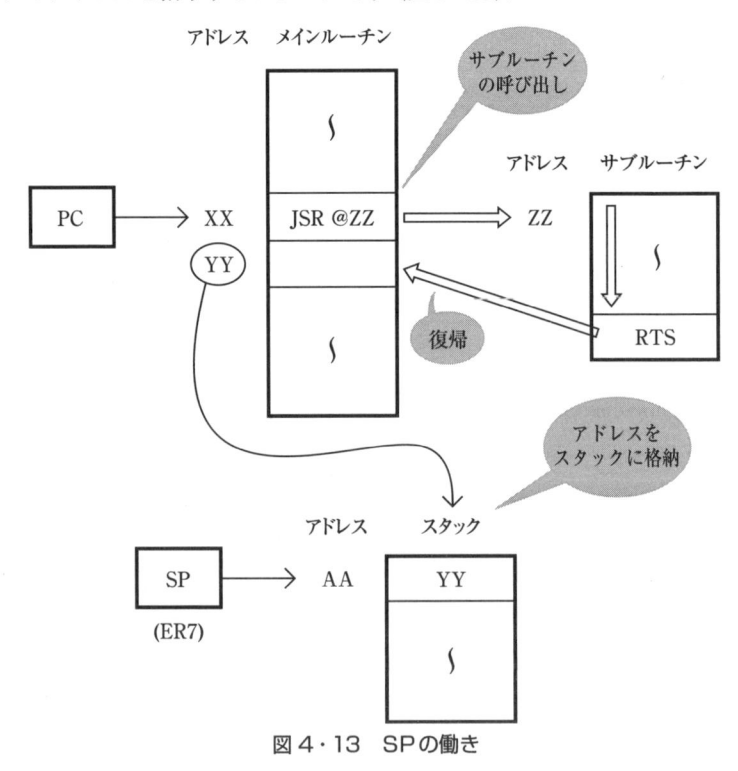

図4・13　SPの働き

4・3 CPU

　H8では，汎用レジスタER7をSPとして使用します．ER7の初期値は不定なので，プログラムの初めでMOV命令を使用して初期化します．また，SPの値は，RAM領域の偶数アドレスに設定する必要があります．

　サブルーチンから，他のサブルーチンを呼び出すような場合（サブルーチンの**ネスト**といいます）には，複数の戻りアドレスを保持しておくことが必要となります．このような時，SPは，指示するアドレスを自動的に順次減少してスタック領域を確保します．したがって，スタック領域はメモリの下位アドレスへ向けて上昇してきます．そして，スタックからアドレスを取り出す場合には，最後に格納したものから順に行われます（図4・14）．このような方法を，先入れ後出し（**FILO**：First In Last Out）方式といいます．

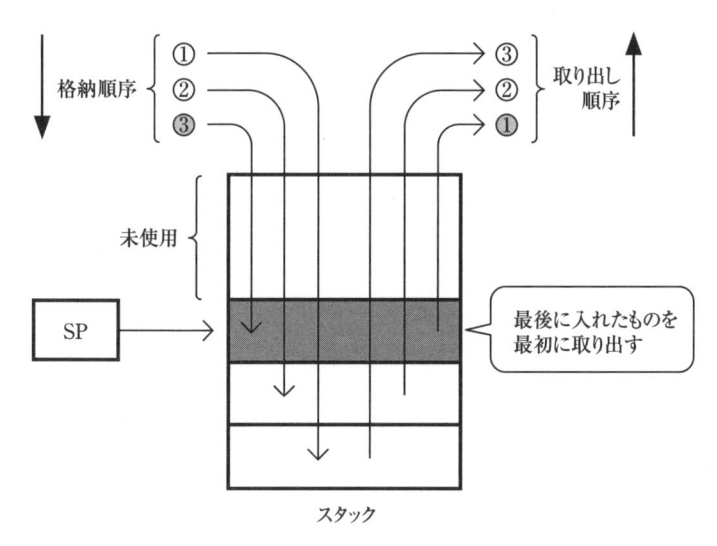

図4・14　FILO方式

　また，サブルーチンを実行する場合でも，汎用レジスタはメインルーチンと同じものを使用します．したがって，サブルーチン実行前に汎用レジスタのデータを待避させる必要が生じることがあります．このような場合にも，スタックを使用することができます．

5 命令セット

表4・2に，H8/3048Fで使用できる命令を示します．命令は2〜10バイトで表され，命令によりオペレーションフィールド(OP)，レジスタフィールド(r)，EA拡張部，コンディションフィールド(cc)を組み合わせて構成されます（図4・15）．

- オペレーションフィールド(OP)

  命令の機能を表します．

- レジスタフィールド(r)

  汎用レジスタを指定します．

- EA拡張部

  後で学ぶ，イミディエイトデータ，絶対アドレス，ディスプレースメントを指定します．

- コンディションフィールド(cc)

  条件分岐命令の分岐条件を指定します．

表4・2 命令一覧

機能	命令
データ転送	MOV, PUSH, POP
算術演算	ADD, SUB, ADDX, SUBX, INC, DEC, ADDS, SUBS, DAA, DAS, MULXU, MULXS, DIVXU, DIVXS, CMP, NEG, EXTS, EXTU
論理演算	AND, OR, XOR, NOT
シフト	SHAL, SHAR, SHLL, SHLR, ROTL, ROTR, ROTXL, ROTXR
ビット操作	BSET, BCLR, BNOT, BTST, BAND, BIAND, BOR, BIOR, BXOR, BIXOR, BLD, BILD, BST, BIST
分岐	Bcc*, JMP, BSR, JSR, RTS
システム制御	TRAPA, RTE, SLEEP, LDC, STC, ANDC, ORC, XORC, NOP
ブロック転送	EEPMOV

＊Bccは，条件分岐命令の総称です．

4・3 CPU

① OPのみ　　　　　　　　　　　　　　　（例）

| OP |

NOP

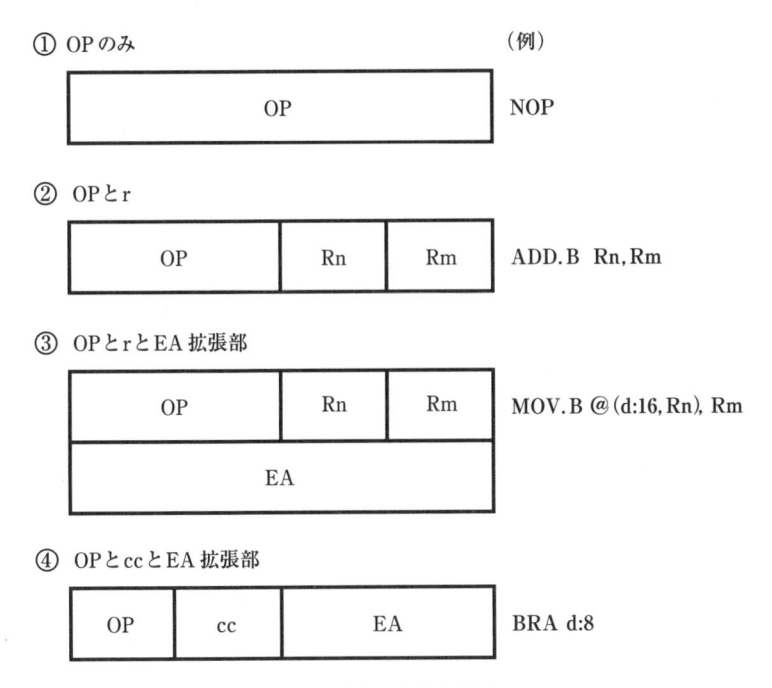

② OPとr

| OP | Rn | Rm |

ADD.B Rn,Rm

③ OPとrとEA拡張部

| OP | Rn | Rm |
| EA |

MOV.B @(d:16,Rn),Rm

④ OPとccとEA拡張部

| OP | cc | EA |

BRA d:8

図4・15　命令の形式

　命令によっては，同じ命令でも扱うデータのサイズによってさらに最大3種類に分けられます．例えば，データ転送命令MOVには，「MOV.B」「MOV.W」「MOV.L」の3種類があります．Bはバイト（8ビット），Wはワード（16ビット），Lはロングワード（32ビット）を表します．図4・16で，これらの動作を確認してください．

　MOV命令の転送方向に注意してください．例えば，MOV.B R0L, R1Lでは，R0Lの内容がR1Lに転送されます．

　また，表4・2のBccは，条件分岐命令の総称であり，実際には，BRA命令，BRN命令など20種類の条件分岐命令が存在します．したがって，表4・2に示した命令数は62個ですが，実際に使用する命令は，より多くの数になります．

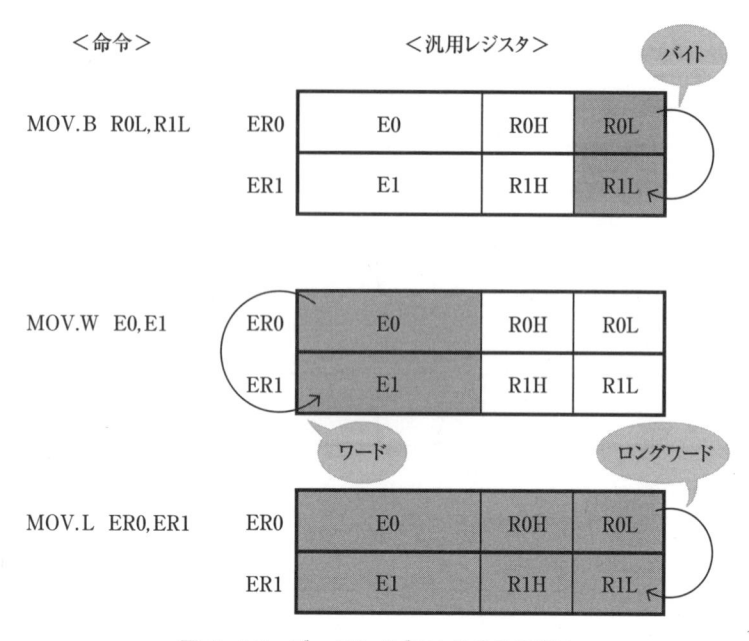

第4章　H8/3048Fマイコンの基礎

```
     <命令>              <汎用レジスタ>           バイト

  MOV.B R0L,R1L   ER0 |  E0  | R0H | R0L |
                  ER1 |  E1  | R1H | R1L |

  MOV.W E0,E1     ER0 |  E0  | R0H | R0L |
                  ER1 |  E1  | R1H | R1L |
                        ワード              ロングワード

  MOV.L ER0,ER1   ER0 |  E0  | R0H | R0L |
                  ER1 |  E1  | R1H | R1L |
```

図4・16　データサイズによる命令の違い

　表4・3（67ページ）に，各命令の説明に使用する記号を示します．そして，各命令の概要を表4・4～表4・11（68～73）に示しますので必要に応じて参照してください．

　H8のアセンブラ言語では，16進数を「H'」に続けて，例えば，「H'FF」のように表記します．また，@はアドレスを表す記号です．

4・3 CPU

表4・3 説明に使用する記号

記号	意味
Rd	汎用レジスタ（デスティネーション側）*
Rs	汎用レジスタ（ソース側）*
Rn	汎用レジスタ*
ERn	汎用レジスタ（32ビットレジスタ／アドレスレジスタ）
(EAd)	デスティネーションオペランド
(EAs)	ソースオペランド
CCR	コンディションコードレジスタ
N	CCRのN（ネガティブ）フラグ
Z	CCRのZ（ゼロ）フラグ
V	CCRのV（オーバフロー）フラグ
C	CCRのC（キャリ）フラグ
PC	プログラムカウンタ
SP	スタックポインタ
#IMM	イミディエイトデータ
disp	ディスプレースメント
+	加算
-	減算
×	乗算
÷	除算
∧	論理積
∨	論理和
⊕	排他的論理和
→	転送
~	反転論理（論理的補数）
:3／:8／:16／:24	3／8／16／24ビット長

*汎用レジスタは，8ビット（R0H〜R7H, R0L〜R7L），16ビット（R0〜R7, E0〜E7），
または32ビットレジスタ／アドレスレジスタ（ER0〜ER7）です．

第4章 H8/3048Fマイコンの基礎

表4・4 データ転送命令

命令	サイズ*	機能
MOV	B/W/L	(EAs)→Rd, Rs→(EAd) 汎用レジスタと汎用レジスタ、または汎用レジスタとメモリ間でデータ転送します。 また、イミディエイトデータを汎用レジスタに転送します。
MOVFPE	B	(EAs)→Rd 本LSIでは使用できません。
MOVTPE	B	Rs→(EAs) 本LSIでは使用できません。
POP	W/L	@SP+→Rn スタックから汎用レジスタへデータを復帰します。POP.W Rn は MOV.W @SP+,Rn と、また POP.L ERn は MOV.L @SP+,ERn と同一です。
PUSH	W/L	Rn→@-SP 汎用レジスタの内容をスタックに退避します。PUSH.W Rn は MOV.W Rn,@-SP と、また PUSH.L ERn は MOV.L ERn,@-SP と同一です。

* サイズはオペランドサイズを表示します。
  B：バイト
  W：ワード
  L：ロングワード

表4・5 算術演算命令

命令	サイズ*	機能
ADD SUB	B/W/L	Rd±Rs→Rd, Rd±#IMM→Rd 汎用レジスタと汎用レジスタ、または汎用レジスタとイミディエイトデータ間の加減算を行います（バイトサイズでの汎用レジスタとイミディエイトデータ間の減算はできません。SUBX命令またはADD命令を使用してください）。
ADDX SUBX	B	Rd±Rs±C→Rd, Rd±#IMM±C→Rd 汎用レジスタと汎用レジスタ、または汎用レジスタとイミディエイトデータ間のキャリ付き加減算を行います。
INC DEC	B/W/L	Rd±1→Rd, Rd±2→Rd 汎用レジスタに1または2を加減算します（バイトサイズの演算では1の加減算のみ可能です）。
ADDS SUBS	L	Rd±1→Rd, Rd±2→Rd, Rd±4→Rd 32ビットレジスタに1、2または4を加減算します。

4・3 CPU

命令	サイズ*	機能
DAA DAS	B	Rd（10進補正）→Rd 汎用レジスタ上の加減算結果をCCRを参照して4ビットBCDデータに補正します．
MULXU	B/W	Rd×Rs→Rd 汎用レジスタと汎用レジスタ間の符号なし乗算を行います．8ビット×8ビット→16ビット，16ビット×16ビット→32ビットの乗算が可能です．
MULXS	B/W	Rd×Rs→Rd 汎用レジスタと汎用レジスタ間の符号付き乗算を行います．8ビット×8ビット→16ビット，16ビット×16ビット→32ビットの乗算が可能です．
DIVXU	B/W	Rd÷Rs→Rd 汎用レジスタと汎用レジスタ間の符号なし除算を行います．16ビット÷8ビット→商8ビット 余り8ビット，32ビット÷16ビット→商16ビット 余り16ビットの除算が可能です．
DIVXS	B/W	Rd÷Rs→Rd 汎用レジスタと汎用レジスタ間の符号付き除算を行います．16ビット÷8ビット→商8ビット 余り8ビット，32ビット÷16ビット→商16ビット 余り16ビットの除算が可能です．
CMP	B/W/L	Rd−Rs，Rd−#IMM 汎用レジスタと汎用レジスタ，または汎用レジスタとイミディエイトデータ間の比較を行い，その結果をCCRに反映します．
NEG	B/W/L	0−Rd→Rd 汎用レジスタの内容の2の補数（算術的補数）をとります．
EXTU	W/L	Rd（ゼロ拡張）→Rd 16ビットレジスタの下位8ビットをワードサイズにゼロ拡張します．または，32ビットレジスタの下位16ビットをロングワードサイズにゼロ拡張します．
EXTS	W/L	Rd（符号拡張）→Rd 16ビットレジスタの下位8ビットをワードサイズに符号拡張します．または，32ビットレジスタの下位16ビットをロングワードサイズに符号拡張します．

* サイズはオペランドサイズを表示します．
B：バイト
W：ワード
L：ロングワード

表4・6　論理演算命令

命令	サイズ*	機能
AND	B/W/L	Rd∧Rs→Rd, Rd∧#IMM→Rd 汎用レジスタと汎用レジスタ，または汎用レジスタとイミディエイトデータ間の論理積をとります．
OR	B/W/L	Rd∨Rs→Rd, Rd∨#IMM→Rd 汎用レジスタと汎用レジスタ，または汎用レジスタとイミディエイトデータ間の論理和をとります．
XOR	B/W/L	Rd⊕Rs→Rd, Rd⊕#IMM→Rd 汎用レジスタ間の排他的論理和，または汎用レジスタとイミディエイトデータの排他的論理和をとります．
NOT	B/W/L	~Rd→Rd 汎用レジスタの内容の1の補数（論理的補数）をとります．

表4・7　シフト命令

命令	サイズ*	機能
SHAL SHAR	B/W/L	Rd（シフト処理）→Rd 汎用レジスタの内容を算術的にシフトします．
SHLL SHLR	B/W/L	Rd（シフト処理）→Rd 汎用レジスタの内容を論理的にシフトします．
ROTL ROTR	B/W/L	Rd（ローテイト処理）→Rd 汎用レジスタの内容をローテイトします．
ROTXL ROTXR	B/W/L	Rd（ローテイト処理）→Rd 汎用レジスタの内容をキャリフラグを含めてローテイトします．

表4・8　ビット操作命令

命令	サイズ*	機能
BSET	B	1→＜ビット番号＞ of ＜EAd＞ 汎用レジスタまたはメモリのオペランドの指定された1ビットを1にセットします．ビット番号は，3ビットのイミディエイトデータまたは汎用レジスタの内容下位3ビットで指定します．
BCLR	B	0→＜ビット番号＞ of ＜EAd＞ 汎用レジスタまたはメモリのオペランドの指定された1ビットを0にクリアします．ビット番号は，3ビットのイミディエイトデータまたは汎用レジスタの内容下位3ビットで指定します．
BNOT	B	~（＜ビット番号＞ of ＜EAd＞）→（＜ビット番号＞ of ＜EAd＞） 汎用レジスタまたはメモリのオペランドの指定された1ビットを反転します．ビット番号は，3ビットのイミディエイトデータまたは汎用レジスタの内容下位3ビットで指定します．

4・3 CPU

命令	サイズ*	機能
BTST	B	~(<ビット番号> of <EAd>)→Z 汎用レジスタまたはメモリのオペランドの指定された1ビットをテストし，ゼロフラグに反映します．ビット番号は，3ビットのイミディエイトデータまたは汎用レジスタの内容下位3ビットで指定します．
BAND	B	C∧(<ビット番号> of <EAd>)→C 汎用レジスタまたはメモリのオペランドの指定された1ビットとキャリフラグとの論理積をとり，キャリフラグに結果を格納します．
BIAND	B	C∧[~(<ビット番号> of <EAd>)]→C 汎用レジスタまたはメモリのオペランドの指定された1ビットを反転し，キャリフラグとの論理積をとり，キャリフラグに結果を格納します．ビット番号は，3ビットのイミディエイトデータで指定します．
BOR	B	C∨(<ビット番号> of <EAd>)→C 汎用レジスタまたはメモリのオペランドの指定された1ビットとキャリフラグとの論理和をとり，キャリフラグに結果を格納します．
BIOR	B	C∨[~(<ビット番号> of <EAd>)]→C 汎用レジスタまたはメモリのオペランドの指定された1ビットを反転し，キャリフラグとの論理和をとり，キャリフラグに結果を格納します．ビット番号は，3ビットのイミディエイトデータで指定します．
BXOR	B	C⊕(<ビット番号> of <EAd>)→C 汎用レジスタまたはメモリのオペランドの指定された1ビットとキャリフラグとの排他的論理和をとり，キャリフラグに結果を格納します．
BIXOR	B	C⊕[~(<ビット番号> of <EAd>)]→C 汎用レジスタまたはメモリのオペランドの指定された1ビットを反転し，キャリフラグとの排他的論理和をとり，キャリフラグに結果を格納します．ビット番号は，3ビットのイミディエイトデータで指定します．
BLD	B	(<ビット番号> of <EAd>)→C 汎用レジスタまたはメモリのオペランドの指定された1ビットをキャリフラグに転送します．
BILD	B	~(<ビット番号> of <EAd>)→C 汎用レジスタまたはメモリのオペランドの指定された1ビットを反転し，キャリフラグに転送します．ビット番号は，3ビットのイミディエイトデータで指定します．
BST	B	C→(<ビット番号> of <EAd>) 汎用レジスタまたはメモリのオペランドの指定された1ビットにキャリフラグの内容を転送します．
BIST	B	C→~(<ビット番号> of <EAd>) 汎用レジスタまたはメモリのオペランドの指定された1ビットに，反転されたキャリフラグの内容を転送します．ビット番号は，3ビットのイミディエイトデータで指定されます．

表4・9　分岐命令

命令	サイズ	機能		
Bcc*	-	指定した条件が成立しているとき，指定したアドレスへ分岐します．分岐条件を下表に示します．		
		ニーモニック	説明	分岐条件
		BRA (BT)	Always (True)	Always
		BRN (BF)	Never (False)	Never
		BHI	High	C∨Z=0
		BLS	Low or Same	C∨Z=1
		BCC (BHS)	Carry Clear (High or Same)	C=0
		BCS (BLO)	Carry Set (LOw)	C=1
		BNE	Not Equal	Z=0
		BEQ	EQual	Z=1
		BVC	oVerflow Clear	V=0
		BVS	oVerflow Set	V=1
		BPL	PLus	N=0
		BMI	MInus	N=1
		BGE	Greater or Equal	N⊕V=0
		BLT	Less Than	N⊕V=1
		BGT	Greater Than	Z∨(N⊕V)=0
		BLE	Less or Equal	Z∨(N⊕V)=1
JMP	-	指定したアドレスへ無条件に分岐します．		
BSR	-	指定したアドレスへサブルーチン分岐します．		
JSR	-	指定したアドレスへサブルーチン分岐します．		
RTS	-	サブルーチンから復帰します		

＊　Bcc命令は条件分岐命令の総称です．

4・3 CPU

表4・10 システム制御命令

命　令	サイズ*	機　　能
TRAPA	－	命令トラップ例外処理を行います.
RET	－	例外処理ルーチンから復帰します.
SLEEP	－	低消費電力状態に遷移します.
LDC	B/W	(EAs)→CCR ソースオペランドをCCRに転送します. CCRはバイトサイズですが, メモリからの転送のときデータのリードはワードサイズで行われます.
STC	B/W	CCR→(EAd) CCRの内容をデスティネーションのロケーションに転送します. CCRはバイトサイズですが, メモリへの転送のときデータのライトはワードサイズで行われます.
ANDC	B	CCR∧#IMM→CCR CCRとイミディエイトデータの論理積をとります.
ORC	B	CCR∨#IMM→CCR CCRとイミディエイトデータの論理和をとります.
XORC	B	CCR⊕#IMM→CCR CCRとイミディエイトデータの排他的論理和をとります
NOP	－	PC+2→PC PCのインクリメントだけを行います.

＊　サイズはオペランドサイズを表示します.
　　B：バイト
　　W：ワード

表4・11　ブロック転送命令

命　令	サイズ	機　　能
EEPMOV.B	－	if R4L≠0 then Repeat @ER5+→@ER6+, R4L-1→R4L Until R4L=0 else next;
EEPMOV.W	－	if R4≠0 then Repeat @ER5+→@ER6+, R4-1→R4 Until R4=0 else next; ブロック転送命令です. ER5で表示されるアドレスから始まり, R4LまたはR4で指定されるバイト数のデータを, ER6で示されるアドレスのロケーションへ転送します. 転送終了後, 次の命令を実行します.

第4章 H8/3048Fマイコンの基礎

6 アドレッシング

アドレッシングとは，実際にアクセスするメモリのアドレス（実効アドレス）や操作対象とするデータの指定方法のことです．H8/3048Fでは，表4・12に示す8種類のアドレッシングモードが使用できます．

表4・12 アドレッシングモード一覧

No.	アドレッシングモード	記号
1	レジスタ直接	Rn
2	レジスタ間接	@ERn
3	ディスプレースメント付きレジスタ間接	@(d:16, ERn)／@(d:24, ERn)
4	ポストインクリメントレジスタ間接 プリデクリメントレジスタ間接	@ERn+ @-ERn
5	絶対アドレス	@aa:8／@aa:16／@aa:24
6	イミディエイト	#xx:8／#xx:16／#xx:32
7	プログラムカウンタ相対	@(d:8, PC)／@(d:16, PC)
8	メモリ間接	@@aa:8

①レジスタ直接（Rn）

命令によって操作するデータやレジスタのことを**オペランド**といいます．レジスタ直接アドレッシングは，レジスタフィールドで指定したレジスタの内容をオペランドとして直接操作します（図4・17）．

```
命令コード   オペランド
┌────┬────┬────┐
│ OP │ Rm │ Rn │
└────┴────┴────┘
          └───┬───┘
         レジスタの内容を
         直接操作する
```

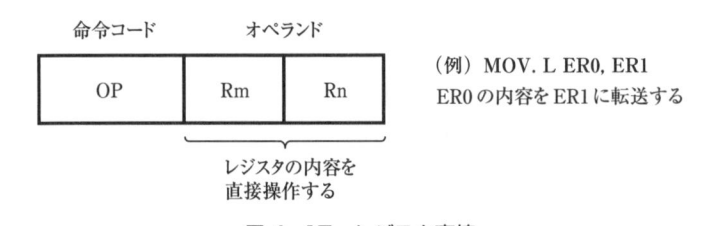

（例）MOV. L ER0, ER1
ER0の内容をER1に転送する

図4・17 レジスタ直接

②レジスタ間接（@ERn）

レジスタフィールドで指定したレジスタERnの下位24ビットを実効アドレスとして使用します（図4・18）．

4・3 CPU

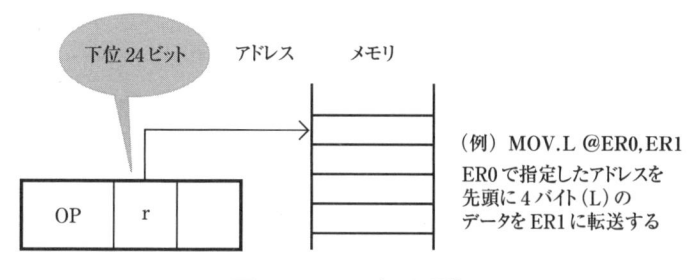

図4・18　レジスタ間接

(例) MOV.L @ER0,ER1
ER0で指定したアドレスを先頭に4バイト(L)のデータをER1に転送する

③ディスプレースメント付きレジスタ間接(@(d:16,ERn)／@(d:24,ERn))

ディスプレースメントとは，ある起点からの相対的な変化量のことです．例えば，配列データはメモリ領域に連続して格納されています．このような場合には，配列の先頭アドレスを起点にして，そこからどれだけ離れているかを指定してデータをアクセスできれば便利です．

ディスプレースメント付きレジスタ間接アドレッシングでは，レジスタフィールドで指定したレジスタERnの内容に，16ビットまたは24ビットのディスプレースメントの値を加算した内容の下位24ビットを実効アドレスとして使用します(図4・19)．

また，ディスプレースメントが16ビットのときには，符号拡張されます．符号拡張とは，もとのデータ(16ビット)の最上位ビット(MSB)を符号ビットとして，拡張後(32ビット)の上位ビット(ビット15～31)にコピーする操作のことです．

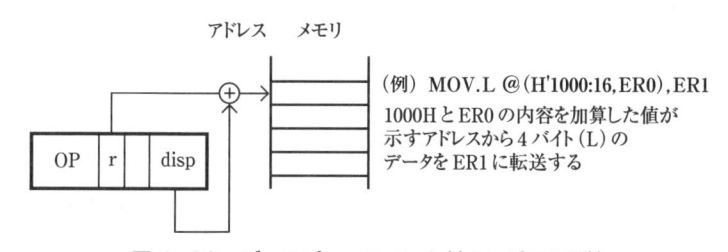

(例) MOV.L @(H'1000:16,ER0),ER1
1000HとER0の内容を加算した値が示すアドレスから4バイト(L)のデータをER1に転送する

図4・19　ディスプレースメント付きレジスタ間接

④ポストインクリメントレジスタ間接／プリデクリメントレジスタ間接
● ポストインクリメントレジスタ間接(@ERn+)

第4章　H8/3048Fマイコンの基礎

レジスタフィールドで指定するレジスタERnの内容の下位24ビットを実効アドレスとして使用します（図4・20）．その後，レジスタの内容に数値を加算します．加算する数値は，バイトサイズでは1，ワードサイズでは2，ロングワードサイズでは4となります．また，ワードサイズとロングワードサイズでは，レジスタの内容を偶数にする必要があります．

（例）MOV.L @ER0+,ER1
ER0で示すアドレスから4バイト(L)のデータをER1に転送した後，ER0は4インクリメント（加算）される

実効アドレスを決めた後に加算

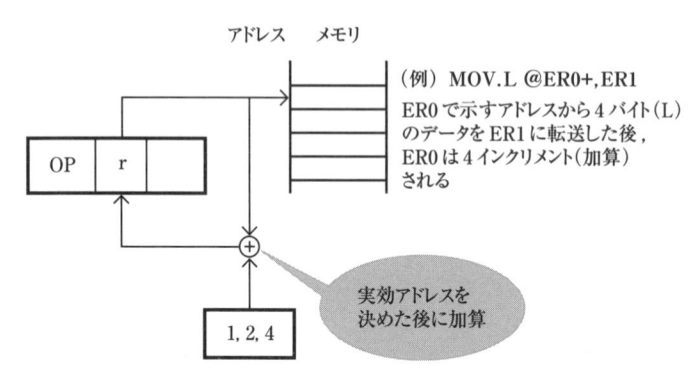

図4・20　ポストインクリメントレジスタ間接

● プリデクリメントレジスタ間接（@-ERn）

レジスタフィールドで指定するレジスタERnの内容のから1，2または4を引いた値の下位24ビットを実効アドレスとして使用します（図4・21）．引いた後の値は，レジスタに格納されます．引く数値は，バイトサイズでは1，ワードサイズでは2，ロングワードサイズでは4となります．また，ワードサイズとロングワードサイズでは，レジスタの内容を偶数にする必要があります．

実効アドレスは減算後の値

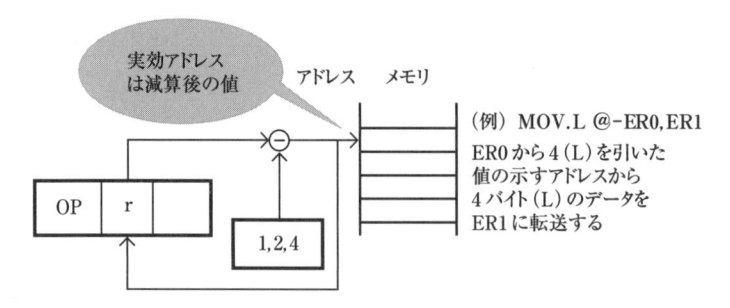

（例）MOV.L @-ER0,ER1
ER0から4(L)を引いた値の示すアドレスから4バイト(L)のデータをER1に転送する

図4・21　プリデクリメントレジスタ間接

⑤絶対アドレス（@aa:8／@aa:16／@aa:24）

　命令コードに含まれるアドレス値を実効アドレスとして使用します．アドレス値が8ビットのときには上位16ビットすべてに"1"がセットされ，16ビットのときには上位8ビットが符号拡張（前述③参照）されます．そして，24ビットのときには全アドレスをアクセスすることができます（図4・22）．

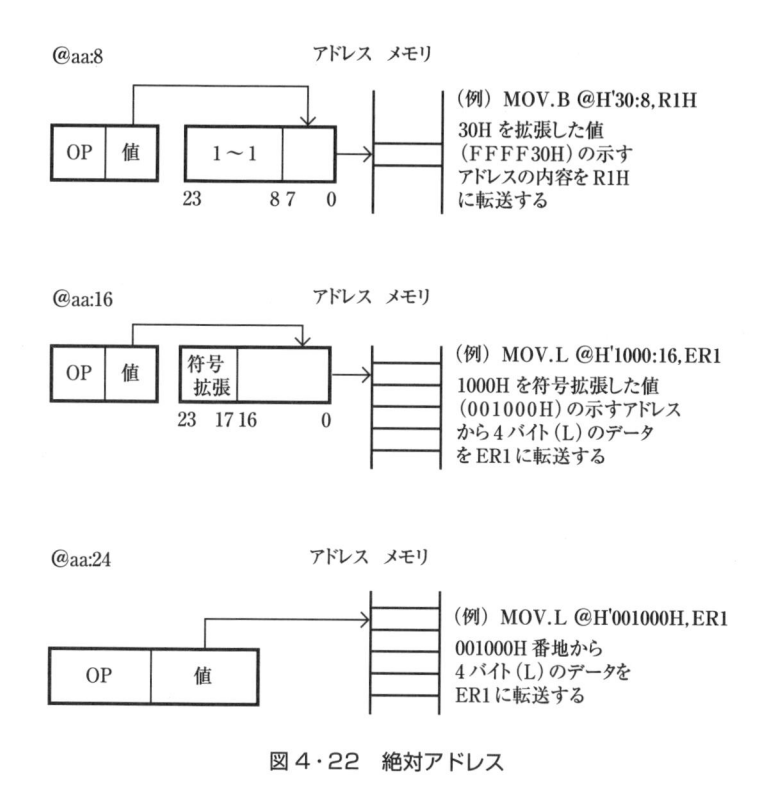

@aa:8

| OP | 値 |

| 1～1 |
23　　8 7　　0

アドレス　メモリ

（例）MOV.B @H'30:8,R1H
30Hを拡張した値
（FFFF30H）の示す
アドレスの内容をR1H
に転送する

@aa:16

| OP | 値 |

| 符号拡張 | |
23　17 16　　　0

アドレス　メモリ

（例）MOV.L @H'1000:16,ER1
1000Hを符号拡張した値
（001000H）の示すアドレス
から4バイト（L）のデータ
をER1に転送する

@aa:24

| OP | 値 |

アドレス　メモリ

（例）MOV.L @H'001000H,ER1
001000H番地から
4バイト（L）のデータを
ER1に転送する

図4・22　絶対アドレス

⑥イミディエイト（#xx:8／#xx:16／#xx:32）

　イミディエイト（immediate）とは，「即時に」という意味です．コンピュータ用語としては，即値（そくち）と訳されています．この意味が示すように，オペランドに記述した値をそのまま扱う方法です（図4・23）．即値データは，頭に#を付けて表します．

第4章　H8/3048Fマイコンの基礎

（例）MOV.B #H'35,R1L
35HをR1Lに転送する

IMMの値を直接扱う

| OP | # IMM |

図4・23　イミディエイト

⑦プログラムカウンタ相対（@(d:8,PC)／@(d:16,PC)）

　PCの内容に，命令コードに記述した8ビットまたは16ビットのディスプレースメントの値を加算した結果を実効アドレスとして使用します（図4・24）．ディスプレースメントは，24ビットに符号拡張されます．加算結果は，偶数にする必要があります．条件分岐命令とBSR命令で使用できるアドレッシングモードです．

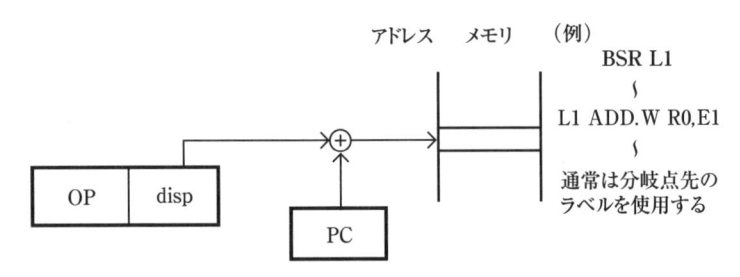

アドレス　メモリ　（例）

BSR L1
〜
L1 ADD.W R0,E1
〜
通常は分岐点先のラベルを使用する

| OP | disp |

PC

図4・24　プログラムカウンタ相対

⑧メモリ間接（@@aa:8）

　命令コードに記述した8ビットの値を絶対アドレスとしてメモリをアクセスします．そして，アクセスしたメモリの内容の下位24ビットを実効アドレスとして使用します．絶対アドレスで指定できるメモリのアドレスは，0〜255（00H〜FFH）です．JMP命令とJSR命令で使用できるアドレッシングモードです（図4・25）．
　表4・13に，命令とアドレッシングモードの組合せを示します．

4・3 CPU

表4・13 命令とアドレッシングモードの組合せ

機能	命令	アドレッシングモード										
		#xx	Rn	@ERn	@(d:16, ERn)	@(d:24, ERn)	@ERn+/@-ERn	@aa:8	@aa:16	@aa:24	@(d:8, PC)	@(d:16, PC)	@@aa:8

機能	命令	#xx	Rn	@ERn	@(d:16, ERn)	@(d:24, ERn)	@ERn+/@-ERn	@aa:8	@aa:16	@aa:24	@(d:8, PC)	@(d:16, PC)	@@aa:8
データ転送命令	MOV	BWL	BWL	BWL	BWL	BWL	BWL	B	BWL	BWL	−	−	−
	POP, PUSH	−	−	−	−	−	−	−	−	−	−	−	WL
算術演算命令	ADD, CMP	BWL	BWL	−	−	−	−	−	−	−	−	−	−
	SUB	WL	BWL	−	−	−	−	−	−	−	−	−	−
	ADDX, SUBX	B	B	−	−	−	−	−	−	−	−	−	−
	ADDS, SUBS	−	L	−	−	−	−	−	−	−	−	−	−
	INC, DEC	−	BWL	−	−	−	−	−	−	−	−	−	−
	DAA, DAS	−	B	−	−	−	−	−	−	−	−	−	−
	MULXU MULXS DIVXU DIVXS	−	BW	−	−	−	−	−	−	−	−	−	−
	NEG	−	BWL	−	−	−	−	−	−	−	−	−	−
	EXTU, EXTS	−	WL	−	−	−	−	−	−	−	−	−	−
論理演算命令	AND, OR, XOR	BWL	BWL	−	−	−	−	−	−	−	−	−	−
	NOT	−	BWL	−	−	−	−	−	−	−	−	−	−
シフト命令		−	BWL	−	−	−	−	−	−	−	−	−	−
ビット操作命令		−	B	B	−	−	−	B	−	−	−	−	−
分岐命令	Bcc, BSR	−	−	−	−	−	−	−	−	−	○	○	−
	JMP, JSR	−	−	○	−	−	−	−	○	−	−	−	○
	RTS	−	−	−	−	−	−	−	−	−	−	−	○
システム制御命令	TRAPA	−	−	−	−	−	−	−	−	−	−	−	○
	RTE	−	−	−	−	−	−	−	−	−	−	−	○
	SLEEP	−	−	−	−	−	−	−	−	−	−	−	○
	LDC	B	B	W	W	W	W	−	W	W	−	−	−
	STC	−	B	W	W	W	W	−	W	W	−	−	−
	ANDC, ORC, XORC	B	−	−	−	−	−	−	−	−	−	−	−
	NOP	−	−	−	−	−	−	−	−	−	−	−	○
ブロック転送命令		−	−	−	−	−	−	−	−	−	−	−	BW

第4章　H8/3048Fマイコンの基礎

アドレス　メモリ　（例）JSR @@H'F8
F9H～FBH番地のデータを分岐先アドレスとする

00H～FFH

OP　値

下位24ビット

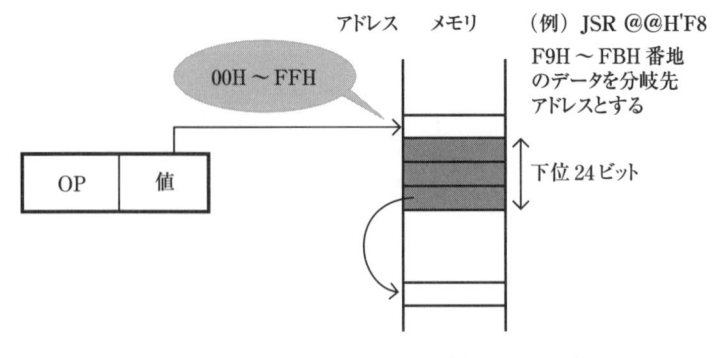

図4・25　メモリ間接

7 処理状態

H8/300H CPUには，図4・26に示す5種類の**処理状態**があります．

処理状態
├─ プログラム実行状態
├─ 例外処理状態
├─ バス権開放状態
├─ リセット状態
└─ 低消費電力状態
　　├─ スリープモード
　　├─ ソフトウェアスタンバイモード
　　└─ ハードウェアスタンバイモード

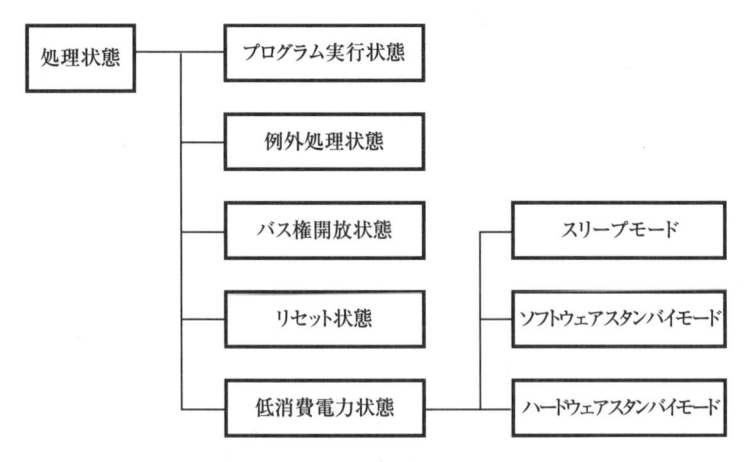

図4・26　処理状態の種類

①プログラム実効状態

CPUが，プログラムを順次実効している状態です．

②例外処理状態

リセットや割込み信号の入力によって，PCやCCRの待避などを行っている過渡的な状態です．

③バス権開放状態

CPU以外（周辺機能のDMAコントローラやリフレッシュコントローラなど）からの要求で，バスを開放している状態です．この状態では，割込みは受け付けられません．

④リセット状態

CPUとマイコン内部の周辺機能すべてが初期化され停止している状態です．マイコンのRES端子に信号"0"を入力するとこの状態になります．

⑤低消費電力状態

CPUの動作を停止して，消費電力を少なくしている状態です．SLEEP命令を使うスリープモードとソフトウェアスタンバイモード，マイコンのSTBY端子を使うハードウェアスタンバイモードがあります．

8 クロック信号

H8/300H CPUは，クロック信号ϕをもとに動作しています．H8/3048Fでは，最大クロックは16MHzです．クロック信号の立上りから次の立上りまでを**1ステート**または**1クロック**，といいます（図4・27）．例えば，16MHzの周波数では，1ステートは，$1/(16 \times 10^6) = 0.0625 \mu s$となります．

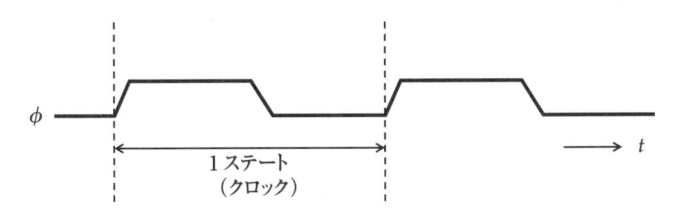

図4・27 クロック信号ϕ

命令は，扱うデータサイズ（B,W,L），アドレッシングモードによって実行に必要なステート数が異なります．例えば，MOV.B命令をレジスタ直接アドレッシング（Rn）で実行すると2ステートかかりますが，レジスタ間接アドレッシング（@ERn）では4ステートになります．

プログラムの実行時間は，ステート数を考えて計算することができます．

第4章　H8/3048Fマイコンの基礎

❾ リセット

　H8/3048FのRES端子（63番ピン）に"0"を入力すると，マイコンは**リセット**状態となります．リセット後，マイコンはメモリの0～3番地を読み込んで，その数値が示すアドレスから実行を始めます．したがって，0～3番地には，初めに実行したいプログラムの先頭アドレスを記述しておきます．

　マイコンに電源を投入した場合にも，リセットがかかります．この時，確実なリセットを行うために，電源投入後の最低20ms（外部クロック使用時は，500μs）はRES端子を"0"レベルにしておかなければなりません．このために使用するリセット回路の例を，図4・28に示します．この他，リセット専用ICも市販されています．

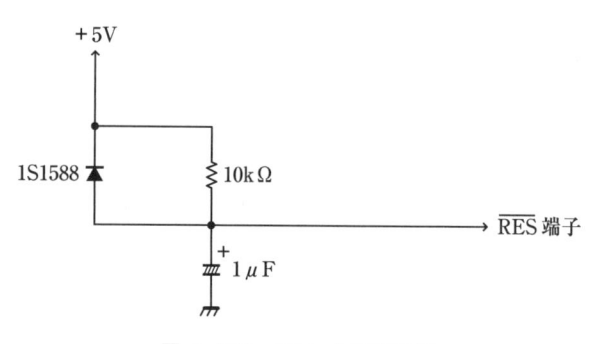

図4・28　リセット回路の例

❿ 割込み

　割込みは，実行中の処理を一度停止して，他の処理を行った後に再開する機能です．割込みが発生するとCPUは，次に示す動作を行います（図4・29）．

● 割込み動作の流れ

① PCとCCRをスタックに待避します（汎用レジスタのデータは，必要に応じてユーザがスタックに待避させる必要があります）．

② CCRの割込みマスクビット（I）を"1"にセットし他の割込みを禁止します．

③ メモリの割込みベクタアドレスから，割込みプログラムの開始アドレスをPCに読み込みます．

4・3 CPU

図4・29 割込み機能

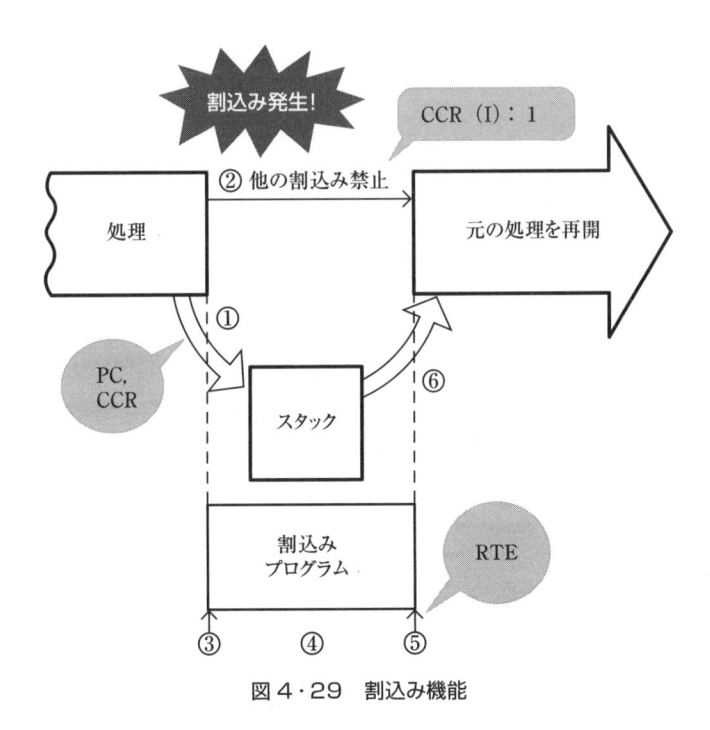

④割込みプログラムを実行します．
⑤RTE命令で割込みプログラムから復帰します．
⑥待避していたPCとCCRを復元して，元の処理を再開します．

　CCRの割込みマスクビット（I）は，リセット後"1"（割込み禁止）に初期化されますので，割込みを許可する場合には，プログラムで"0"にクリアしておきます（例：LDC #0,CCR）．割込みが発生すると（I）は"1"にセットされますので，その後に割込みを許可するには再度"0"にクリアします．

　割込みは，マイコンのIRQ0〜5端子に"0"を入力することで発生します．これら6本のピンの違いは，割込みプログラムの先頭アドレスが格納してある割込みベクタアドレスが異なることです（表4・14）．つまり，使用するピンによって6種類の割込みプログラムを選択できることになります．

83

第4章　H8/3048Fマイコンの基礎

　IRQ端子を使用する場合には，IRQイネーブルレジスタIERで端子別に許可／禁止の設定を行います．さらに，IRQセンスコントロールレジスタISCRでは，割込み信号の有効な動作タイミングをエッジ（信号の立下り）かローレベル（"0"の状態）かに設定します（図4・30）．これらのレジスタは，周辺機能である割込みコントローラが管理しています．

　スイッチを使用して割込み信号を作る場合などには，誤動作を少なくするためにエッジ（立下り）に設定して使用する方がよいでしょう．

表4・14　割込みベクタアドレス

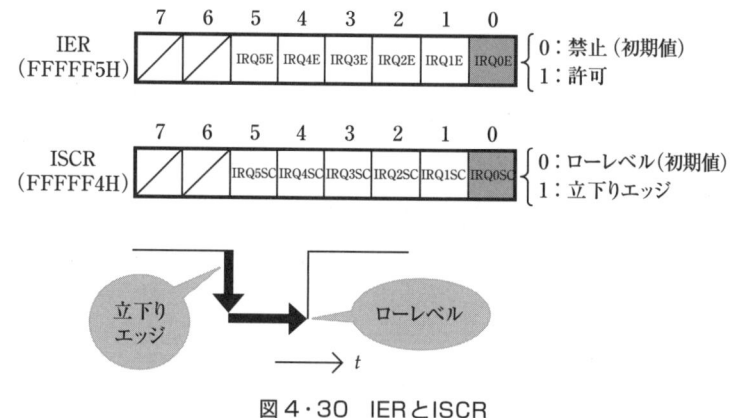

割り込みピン	割り込みベクタアドレス
NMI	00001CH
IRQ0	000030H
IRQ1	000034H
IRQ2	000038H
IRQ3	00003CH
IRQ4	000040H
IRQ5	000044H

図4・30　IERとISCR

また，割込みには，マスク（禁止）できない**ノンマスカブル割込み（NMI）**があります．NMIは，CCRの(I)を"0"にしても禁止できない優先度の高い割込みで，NMI端子を"0"にクリアすると割込みベクタアドレス0001CH番地に格納されているアドレスをPCに読み込んで実行します．NMI端子の入力エッジは，システムコントロールレジスタSYSCRで設定します（図4・31）．

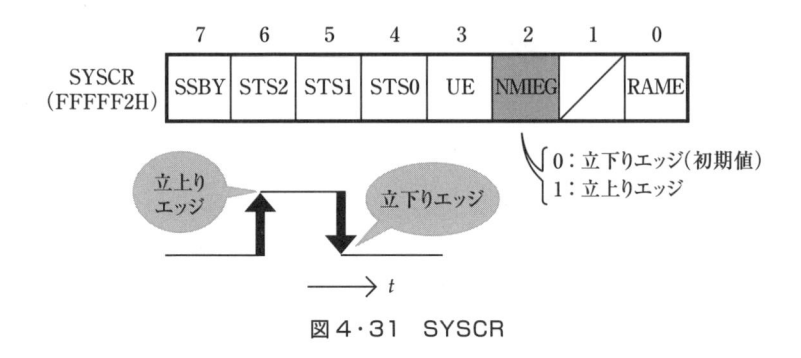

	7	6	5	4	3	2	1	0
SYSCR (FFFFF2H)	SSBY	STS2	STS1	STS0	UE	NMIEG	/	RAME

0：立下りエッジ（初期値）
1：立上りエッジ

立上りエッジ　立下りエッジ

→ t

図4・31　SYSCR

4.4 ポート

1 ポートの概要

H8/3048Fには，10個の入出力ポート（ポート1～6，8，9，A，B）と1個の入力専用ポート（ポート7）があります．

ポート2，4，5では，内蔵されているMOS FETを使用して，入力用のプルアップ抵抗（48ページ参照）の働きをさせることが可能です．

表4・15に，ポートの概要を示します．

表4・15 H8/3048Fのポート

ポート	概要	端子	モード7
ポート1	・8ビットの入出力ポート ・LED駆動可能	$P1_7 \sim P1_0$	入出力ポート
ポート2	・8ビットの入出力ポート ・入力プルアップMOS内蔵 ・LED駆動可能	$P2_7 \sim P2_0$	入出力ポート
ポート3	・8ビットの入出力ポート	$P3_7 \sim P3_0$	入出力ポート
ポート4	・8ビットの入出力ポート ・入力プルアップMOS内蔵	$P4_7 \sim P4_0$	入出力ポート
ポート5	・4ビットの入出力ポート ・入力プルアップMOS内蔵 ・LED駆動可能	$P5_7 \sim P5_0$	入出力ポート
ポート6	・7ビットの入出力ポート	$P6_6 \sim P6_0$	入出力ポート
ポート7	・8ビットの入出力ポート ・$P7_7 \sim P7_0$は入力専用	$P7_7/AN_7/DA_1$ $P7_6/AN_6/DA_0$	A-D変換器のアナログ入力端子（AN_7，AN_6）およびD-A変換器のアナログ出力端子（DA_1，DA_0）と入力ポートの兼用
		$P7_5 \sim P7_0/AN_5 \sim AN_0$	A-D変換器のアナログ入力端子（$AN_5 \sim AN_0$）と入力ポートの兼用
ポート8	・5ビットの入出力ポート ・$P8_2 \sim P8_0$はシュミット入力	$P8_4$ $P8_3/IRQ_3$ $P8_2/IRQ_2$ $P8_1/IRQ_1$ $P8_0/IRQ_0$	入出力ポート $IRQ_3 \sim IRQ_0$入力端子と入力ポートの兼用

4・4 ポート

ポート	概要	端子	モード7
ポート9	・6ビットの入出力ポート	$P9_5/SCK_1/IRQ_5$ $P9_4/SCK_0/IRQ_4$ $P9_3/RxD_1$ $P9_2/RxD_0$ $P9_1/TxD_1$ $P9_0/TxD_0$	シリアルコミュニケーションインタフェースチャンネル0, 1(SCI0, 1)の入力端子(SCK_1, SCK_0, RxD_1, RxD_0, TxD_1, TxD_0)およびIRQ$_5$, IRQ$_4$入力端子と6ビットの入出力ポートの併用
ポートA	・8ビットの入出力ポート ・シュミット入力	$PA_7/TP_7/TIOCB_2$	TPC出力端子(TP_7), ITUの入出力端子($TIOCB_2$)と入出力ポートの兼用
		$PA_6/TP_6/TIOCA_2$ $PA_5/TP_5/TIOCB_1$ $PA_4/TP_4/TIOCA_1$	TPC出力端子(TP_6〜TP_4), ITUの入出力端子($TIOCA_2$, $TIOCB_1$, $TIOCA_1$)と入出力ポートの兼用
		$PA_3/TP_3/TIOCB_0$ /TCLKD $PA_2/TP_2/TIOCA_0$ /TCLKC $PA_1/TP_1/TEND_1$ /TCLKB $PA_0/TP_0/TEND_0$ /TCLKA	TPC出力端子(TP_3〜TP_0), DMAコントローラ(DMAC)の出力端子($TEND_1$, $TEND_0$), ITUの入出力端子(TCLKD, TCLKC, TCLKB, TCLKA, $TIOCB_0$, $TIOCA_0$)と入出力ポートの兼用
ポートB	・8ビットの入出力ポート ・LED駆動可能 ・PB_3〜PB_0はシュミット入力	PB_7/TP_{15} /$DREQ_1$ /ADTRG	TPC出力端子(TP_{15}), DMACの入力端子($DREQ_1$), A-D変換器の外部トリガ入力端子(ADTRG)と入出力ポートの兼用
		PB_6/TP_{14} /$DREQ_0$	TPC出力端子(TP_{14}), DMACの入力端子($DREQ_0$)と入出力ポートの兼用
		$PB_5/TP_{13}/TOCXB_4$ $PB_4/TP_{12}/TOCXA_4$ $PB_3/TP_{11}/TIOCB_4$ $PB_2/TP_{10}/TIOCA_4$ $PB_1/TP_9/TIOCB_3$ $PB_0/TP_8/TIOCA_3$	TPC出力端子(TP_{13}〜TP_8), ITUの入出力端子($TOCXB_4$, $TOCXA_4$, $TIOCB_4$, $TIOCA_4$, $TIOCB_3$, $TIOCA_3$)と8ビット入出力ポートの兼用

第4章　H8/3048Fマイコンの基礎

❷ ポートの使い方

各ポートは，データディレクションレジスタ（**DDR**）とデータレジスタ（**DR**）から構成されています．DDRとDRは，どちらも8ビットのレジスタであり，メモリの内部I/Oレジスタ内（FFFFC0H～FFFFD6H番地）に割り当てられています．

DDRは，ポートの各ビットを入力用か出力用のどちらで使用するかを指定するためのレジスタです．モード7では，DDRで"0"にクリアしたビットは入力用の端子に，"1"をセットしたビットは出力用の端子になります．DDRの初期値は00H，つまりすべて入力用ピンになっています．

DDRは，書込み専用のレジスタですから，ビット操作命令を使用するとエラーが発生することがあります．その理由は，ビット操作命令は，一度読込みをしてから処理を行う働きがあるためです．

DRは，ポートへデータを入出力するためのレジスタです．出力に設定されているポートのビットには，DRの対応するビットの値（"0"か"1"）が出力されます．入力に設定されているポートのビットには，そのビットの値（"0"か"1"）がDRの対応するビットに入力されます．DRは，書込み，読取りとも可能なレジスタです（図4・32）．

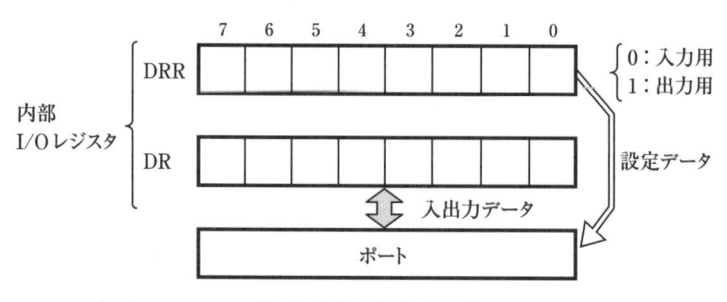

図4・32　DDRとDR

また，ポート2，4，5の内蔵プルアップ機能を使用するかどうかの設定は，ポートプルアップMOSコントロールレジスタPCRで行います．PCRを"1"にセットしたビットは，入力用のプルアップ機能が有効になります．PCRは，内部I/OレジスタのFFFFD8H～FFFFDBH番地に割り当てられており，初期値は，"0"

4・4 ポート

です（プルアップ無効）．

表4・16に，DDRとDR，PCRの内部I/Oレジスタの割当てアドレスを示します．例えば，ポート1のDDRはP1DDR，ポート2のDRはP2DRのように表します．ポート7は，入力専用なのでP7DDRはありません．

ポートを使用する場合には，初めに，入力用か出力用かの設定データをプログラムでDDRに書き込みます．ポート2，4，5については，入力用プルアップ機能を使用する場合には，PCRレジスタの設定も行います．その後，プログラムで，DRを読み書きすることデータの入出力を行います．

表4・16　DDRとDRの割当てアドレス

アドレス	レジスタ	ポート
FFFFC0H	P1DDR	ポート1
FFFFC1H	P2DDR	ポート2
FFFFC2H	P1DR	ポート1
FFFFC3H	P2DR	ポート2
FFFFC4H	P3DDR	ポート3
FFFFC5H	P4DDR	ポート4
FFFFC6H	P3DR	ポート3
FFFFC7H	P4DR	ポート4
FFFFC8H	P5DDR	ポート5
FFFFC9H	P6DDR	ポート6
FFFFCAH	P5DR	ポート5
FFFFCBH	P6DR	ポート6
FFFFCDH	P8DDR	ポート8
FFFFCEH	P7DR	ポート7
FFFFCFH	P8DR	ポート8
FFFFD0H	P9DDR	ポート9
FFFFD1H	PADDR	ポートA
FFFFD2H	P9DR	ポート9
FFFFD3H	PADR	ポートA
FFFFD4H	PBDDR	ポートB
FFFFD6H	PBDR	
FFFFD8H	P2PCR	ポート2プルアップ設定
FFFFDAH	P4PCR	ポート4プルアップ設定
FFFFDBH	P5PCR	ポート5プルアップ設定

注：アドレスが飛んでいるところへの割当てはありません．

第4章　H8/3048Fマイコンの基礎

❸ ポートの出力許容電流

ポートを出力用に設定している場合，ピンに流れる電流の許容値に特に注意してください．許容値を超える電流を流すとマイコンが壊れることもあります．表4・17に，ポートの出力許容電流を示します．

例として，ポート1にLED（発光ダイオード）を接続する場合を考えてみましょう．接続の方法は2通りあります（図4・33）．

表4・17　ポートの出力許容電流

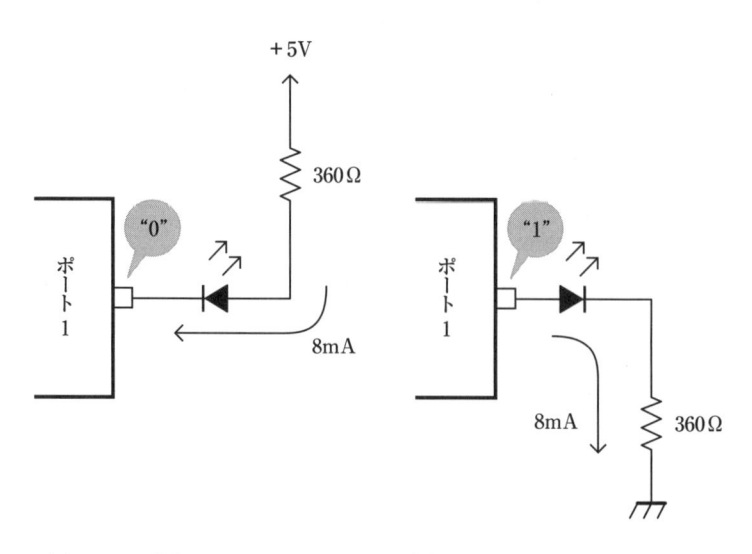

		項　　目	出力許容電流
出力 "0"	ピンあたり	ポート1，2，5，B	10mA
		上記以外	2mA
	総和	ポート1，2，5，Bの28ピンの総和	80mA
		上記を含むピンの総和	120mA
出力 "1"	ピンあたり	全出力ピン	2mA
	総和	全出力ピンの総和	40mA

(a) "0" で発光　　　　　(b) "1" で発光

図4・33　ポートにLEDを接続する

図(a)は，出力ピンが"0"で，図(b)は出力ピンが"1"でLEDが発光することを期待したものであり，論理的にはどちらも問題ありません．

しかし，ポートの出力許容電流の点からはどうでしょうか．ポート1のピンあたりの出力許容電流は，"0"のときが10mA，"1"のときは2mAです（表4・17参照）．したがって，LEDに8mA程度の電流が流れるとすると，図(b)では出力許容電流を超えてしまいます．

この他，複数のLEDをポートに接続する場合などには，出力端子の総和に対する出力許容電流にも注意しなければなりません．

ポートで直接制御できない回路を接続する場合には，別にドライブ回路を用意しましょう．

第4章　H8/3048Fマイコンの基礎

4・5 周辺機能

1 周辺機能の概要

H8/3048Fには，豊富な周辺機能が備わっています（図4・34）．ここでは，各周辺機能の概要を学びましょう．

```
┌─────────────────┐  ┌─────────────────┐
│                 │  │ シリアルコミュニケーション │
│   クロック発振器   │  │  インタフェース（SCI）   │
└─────────────────┘  └─────────────────┘

┌─────────────────┐  ┌─────────────────┐
│   バスコントローラ   │  │  割込みコントローラ   │
└─────────────────┘  └─────────────────┘

┌─────────────────┐  ┌─────────────────┐
│   プログラマブル    │  │                 │
│   タイミングパターン  │  │   A-Dコンバータ   │
│  コントローラ（TPC） │  │                 │
└─────────────────┘  └─────────────────┘

┌─────────────────┐  ┌─────────────────┐
│  インテグレーテッド  │  │                 │
│  タイマユニット（ITU）│  │   D-Aコンバータ   │
└─────────────────┘  └─────────────────┘

┌─────────────────┐  ┌─────────────────┐
│   DMAコントローラ   │  │  ウォッチドッグタイマ  │
│     （DMAC）      │  │     （WDT）      │
└─────────────────┘  └─────────────────┘
```

図4・34　周辺機器の種類

● クロック発振器

H8/3048Fは，**クロック発振回路**を内蔵していますので，水晶やセラミックなどの振動子を接続すれば，動作用クロックを発生することができます．これ以外に，外部クロックを入力して動作することも可能です．

4・5 周辺機能

● シリアルコミュニケーションインタフェース(SCI)

SCI (Serial Communication Interface) は，全二重通信（送信と受信を同時に行うこと）が可能な通信インタフェースです．キャラクタ単位で同期をとる**調歩同期式モード**と，クロックに同期する**クロック同期式モード**が使用できます．H8/3048Fでは，SCIを2チャネル（系統）装備しています．

マイコンボードをパソコンに接続してROMの書込みを行う場合には，このSCIを1チャネル使用します．

● バスコントローラ

バスコントローラは，外部アドレス空間を8個のエリアに分割して，エリアごとにバス（データの転送路）の仕様を設定し制御を行います．これにより，複数のメモリICを増設して制御することができます．また，バスコントローラは，外部に対してバスの使用を認める機能を持っています．

● 割込みコントローラ

割込みコントローラは，割込みの許可や禁止，割込み信号のエッジの指定などを制御する機能です（84〜85ページ参照）．これ以外に，割込みの優先順位を設定することもできます．

● リフレッシュコントローラ

メモリICは，**SRAM**（スタティックRAM）と**DRAM**（ダイナミックRAM）に大別できます．SRAMは，データを書き込んだ後は，電源を切るまで記憶内容を保持します．H8/3048Fに内蔵されているのはSRAMです．一方，DRAMは，データを書き込んだ後，時間が経過すると記憶内容を消失してしまいます．したがって，記憶内容の消失を防ぐためには，一定時間ごとにデータを再度書込みする必要があります．この作業を**リフレッシュ**といいます．

リフレッシュコントローラは，DRAMのリフレッシュを自動的に行う機能で，外部RAMを増設した場合に使用します．

● プログラマブルタイミングパターンコントローラ(TPC)

TPC(Programmable Timing Pattern Controller)は，インテグレーテッドタイマユニット(**ITU**)を使用して(95ページ参照)，いろいろな形のパルスデータを出力する機能です．DMAコントローラと連携することで，CPUを介在させずにパルスデータを順次出力することもできます．

つづいて，DMAC，ITU，WDT，A-D／D-Aコンバータについて学びましょう．

❷ DMAコントローラ(DMAC)

DMAC(Direct Memory Access Controller)は，CPUの介在なしでデータを高速に転送する機能です．例えば，メモリ上のデータを周辺機器へ出力する場合を考えましょう．MOV命令を使用すると，データはCPUを経由して周辺機器へ出力されます(図4・35(a))．一方，DMACを使用すると，データは直接周辺機器へ出力されますので，高速なデータ転送が可能になります(図4・35(b))．

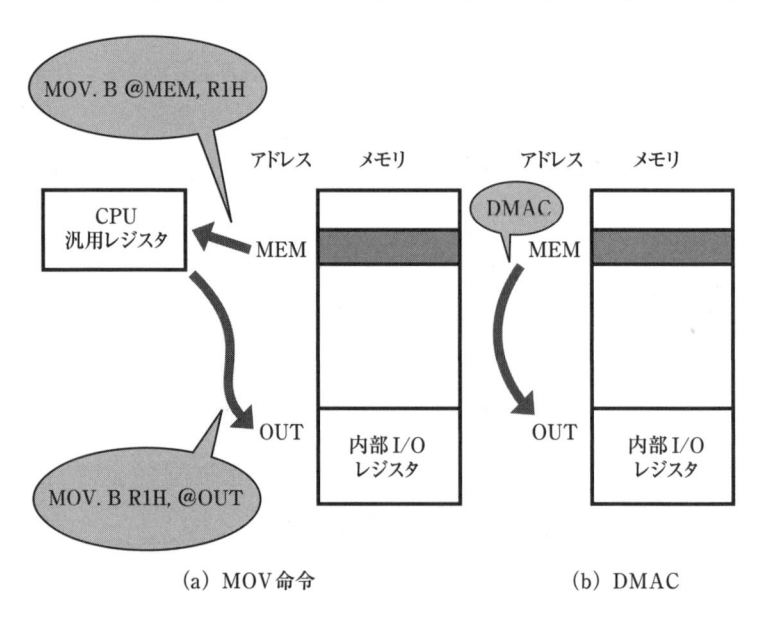

図4・35 データの転送

DMACには，転送元と転送先のアドレスを24ビットで指定するフルアドレスモードと，どちらかを8ビットで指定するショートアドレスモードがあります．フルアドレスモードでは2チャネル，ショートアドレスモードでは4チャネルの使用が可能です．

　DMACを使用する場合にはFFFF20H～FFFF3FH番地に割り当てられている，メモリアドレスレジスタMAR，I/OアドレスレジスタIOAR，転送カウントレジスタETCR，データ転送コントロールレジスタDTCRの設定を行います．

❸ インテグレーテッドタイマユニット(ITU)

　ITU(Integrated Timer Unit)は，5チャネル16ビットのタイマ機能です．図4・36に，タイマ機能(1チャネル)の構成を示します．

　カウンタ(TCNT)は，0000H～FFFFHまでカウントアップした後，再び0000Hに戻ってカウントを始めます(図4・37)．カウントするのは動作クロックパルスですから，16MHzのクロックをそのまま数えるならば，0000H～FFFFHは0.0625μs×65,536＝約4msで数え終わります．しかし，ITUには，クロックを分周(周波数を低く)する**プリスケーラ機能**があります．この機能を使えば，周波数を1/2，1/4，1/8に分周してカウント時間を延ばすことができます．

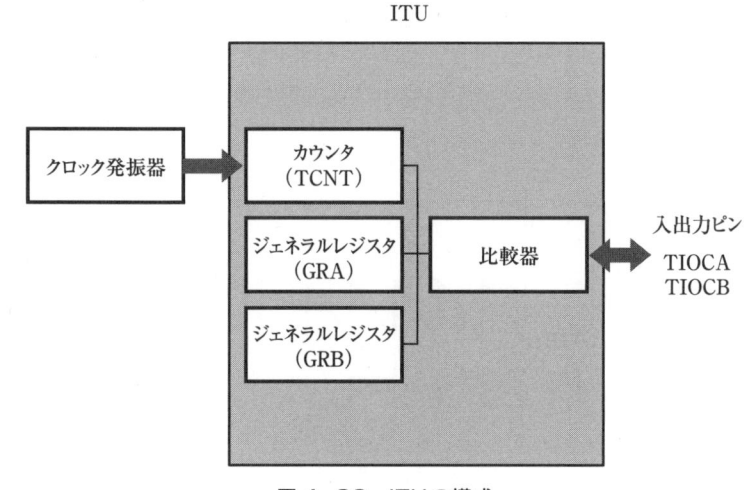

図4・36　ITUの構成

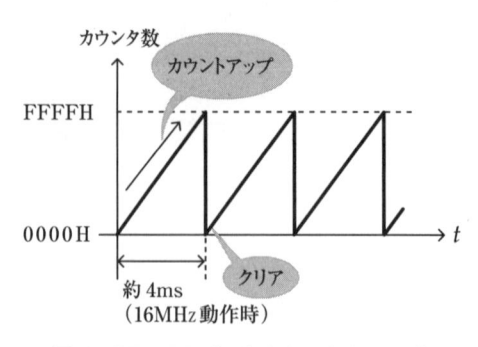

第4章　H8/3048Fマイコンの基礎

図4・37　16ビットカウンタ(TCNT)

　ITUには，ジェネラルレジスタが各チャネルに2個(GRA，GRB)備わっており，これらのレジスタに設定した値と，カウンタの値を比較して，入出力ピンのデータを制御します．例えば，GRAとカウンタの値が一致したときには，カウンタをクリアして出力ピンTIOCAのデータを反転(トグル動作)させる，などの操作が可能です(図4・38)．

　ITUには，通常動作，同期動作，PWMモード，位相計数モード，バッファ動作など，多くの動作モードがあります．

　このうち**PWM**(Pulse Width Modulation)**モード**は，ジェネラルレジスタGRAとGRBをペアで使用し，TIOCA端子からPWM波形(周期とパルス幅をコントロールした波形)を出力します．このモードでは，GRAに波形を"1"にするタイミング，GRBに波形を"0"にするタイミングを設定しておきます．そして，

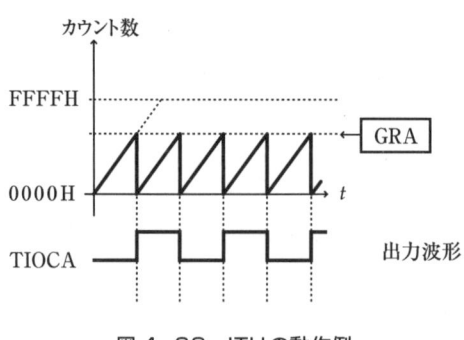

図4・38　ITUの動作例

4・5 周辺機能

GRAの値とカウンタの値が同じになったときにカウンタをクリアすれば，図4・39のような波形が出力されます．この波形は，GRAとGRBに設定する値によって**デューティ比**（パルスの"0"と"1"の時間の比）を調節できます．

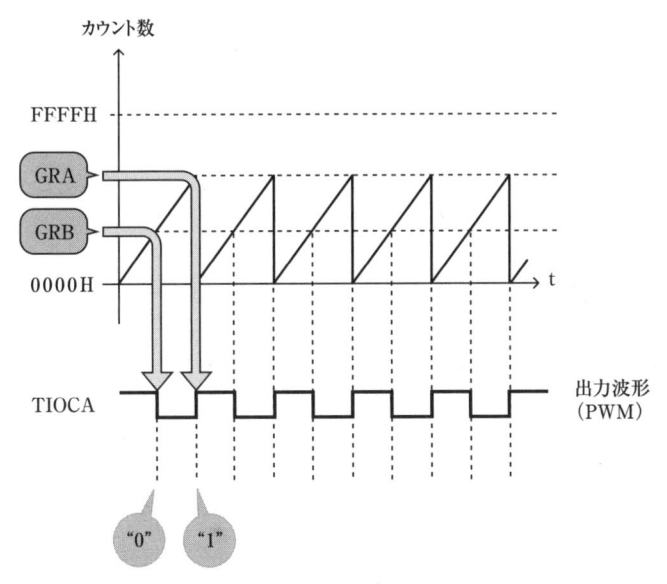

図4・39　PWMモードの動作例

したがって，この波形に対応したエネルギーをDCモータに加えれば，デューティ比によって単位時間当たりに加える電気エネルギーが異なるので，モータの回転数（速度）の制御ができます（図4・40）．

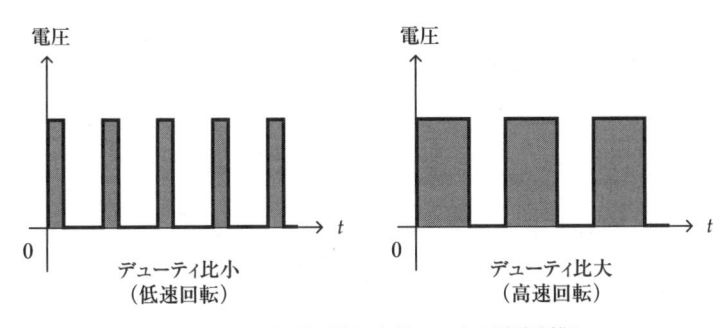

図4・40　PWM波によるモータの速度制御

❹ ウオッチドッグタイマ(WDT)

　ウオッチドッグとは，「番犬」という意味です．この名が表すようにWDT(Watchdog Timer)は，マイコンが暴走していないかどうかを監視する機能です．

　プログラムが正常に実行されている場合には，PCはプログラムの格納アドレスを示しています．しかし，何かの原因でPCがとんでもない値を示してしまうと，プログラムの実行は不可能になります．この状態は**暴走**と呼ばれます．

　WDTは，8ビットのカウンタで，オーバフローするとシステムをリセットします．したがって，プログラムの実行を続けるためには，WDTがシステムをリセットする前に，WDTをクリアしなければなりません．もしも，システムが暴走してWDTをクリアする命令が実行されなかった場合には，WDTがシステムをリセットします．図4・41に，WDTの働きを示します．

　WDTは，内部I/OレジスタのFFFFA9H番地にあるレジスタTCNTでカウントを行います．カウントするクロックの分周率などを設定するのはFFFFA8H番地にあるレジスタTCSRです(図4・42)．このほかに，リセット信号の発生状態をモニタするレジスタRSTCSR(FFFFABH番地)があります．

　WDTをクリアするには，TCNTに00Hを書き込むか，TCSRのTME(ビット5)を"0"にクリアします．

　WDT関係のレジスタは，誤って操作されないようにプロテクトがかけられており，一般のレジスタと同じ方法では書き込めません．TCNT，TCSR，RSTCSRにデータを書込む際には，必ずワード命令(W)を使用し，上位バイトにはレジスタによって5AHやA5Hを書くことになっています．

　この他，WDTは，割込み用のタイマ(インターバルタイマ)として使用することもできます．

4・5 周辺機能

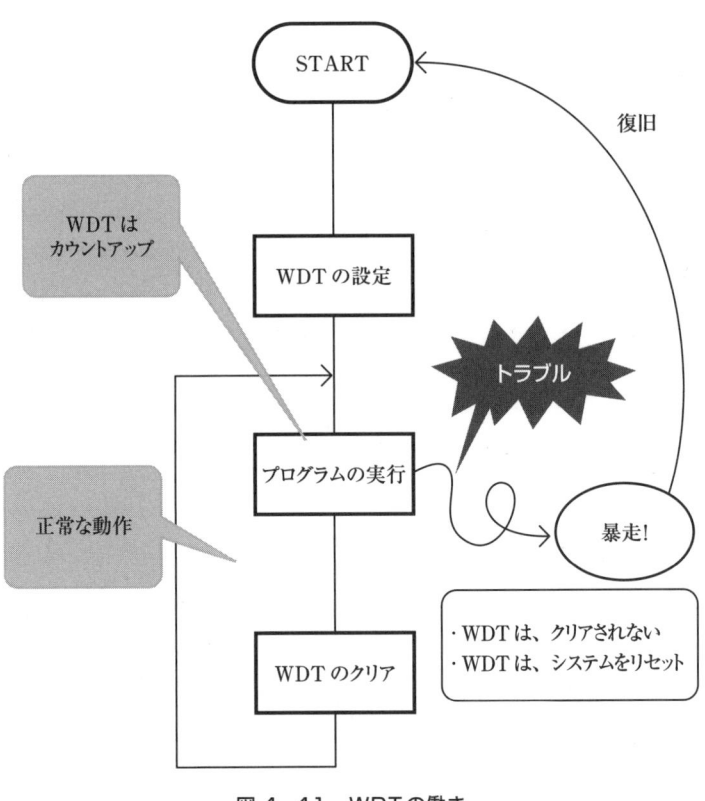

```
                    ┌──────────┐
                    │  START   │◄─────── 復旧
                    └────┬─────┘
                         │
                         ▼
   ┌──────────┐    ┌──────────┐
   │  WDT は  │───▶│ WDT の設定│
   │カウントアップ│    └────┬─────┘
   └──────────┘         │
                         ▼        ☆トラブル☆
                    ┌──────────┐
              ┌────▶│プログラムの実行│─────┐
              │     └────┬─────┘        ▼
   ┌──────────┐         │            ╱暴走!╲
   │ 正常な動作│         │
   └──────────┘         ▼         ・WDT は、クリアされない
                    ┌──────────┐    ・WDT は、システムをリセット
              └────│WDT のクリア│
                    └──────────┘
```

図4・41　WDTの働き

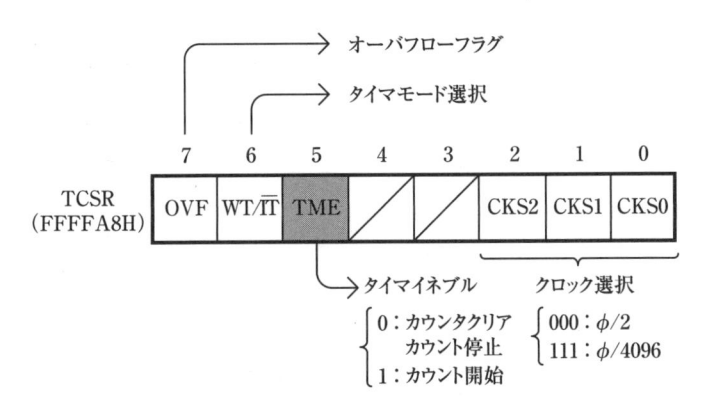

```
                    ┌──────────→ オーバフローフラグ
                    │  ┌──────→ タイマモード選択
                    │  │
                    7  6  5  4  3  2  1  0
              ┌────┬────┬────┬──┬──┬────┬────┬────┐
   TCSR       │OVF │WT/IT│TME │╱ │╱ │CKS2│CKS1│CKS0│
  (FFFFA8H)   └────┴────┴─┬──┴──┴──┴──┬─────────┬┘
                          │           │         │
                          ▼         クロック選択
                       タイマイネブル
                   ┌ 0：カウンタクリア    ┌ 000：φ/2
                   │    カウント停止      │ 111：φ/4096
                   └ 1：カウント開始      └
```

図4・42　TCSRの構成

5 A-Dコンバータ

A-Dコンバータとは，アナログデータをディジタルデータに変換する装置のことです（図4・43）．

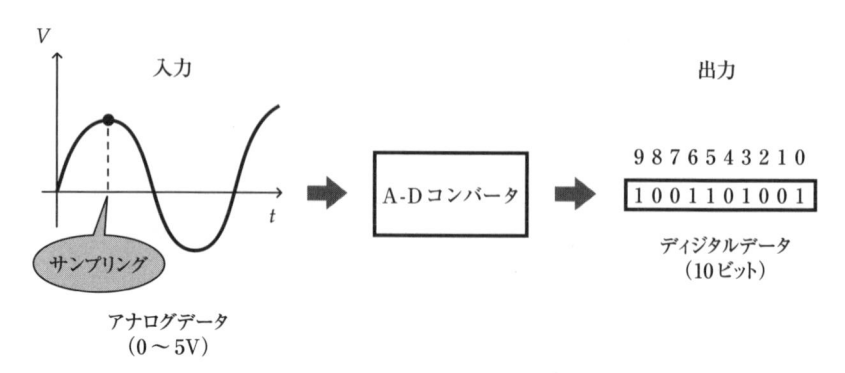

図4・43　A-Dコンバータ

H8/3048Fには，10ビットの分解能をもつ逐次変換方式のA-Dコンバータが8チャネル搭載されています．しかし，実際の変換器は1個だけなので，複数の入力を扱う場合には，入力端子を切り替えながら順次変換をしていきます．これによって，1チャネルのみを扱う**単一モード**と指定した最大4チャネルを扱う**スキャンモード**に分けられます（図4・44）．図4・44に，A-Dコンバータの構成を示します．

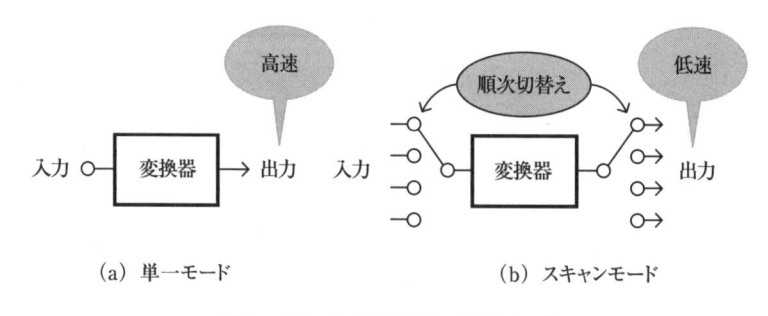

（a）単一モード　　　（b）スキャンモード

図4・44　A-Dコンバータのモード

4・5 周辺機能

図4・45 A-Dコンバータの構成

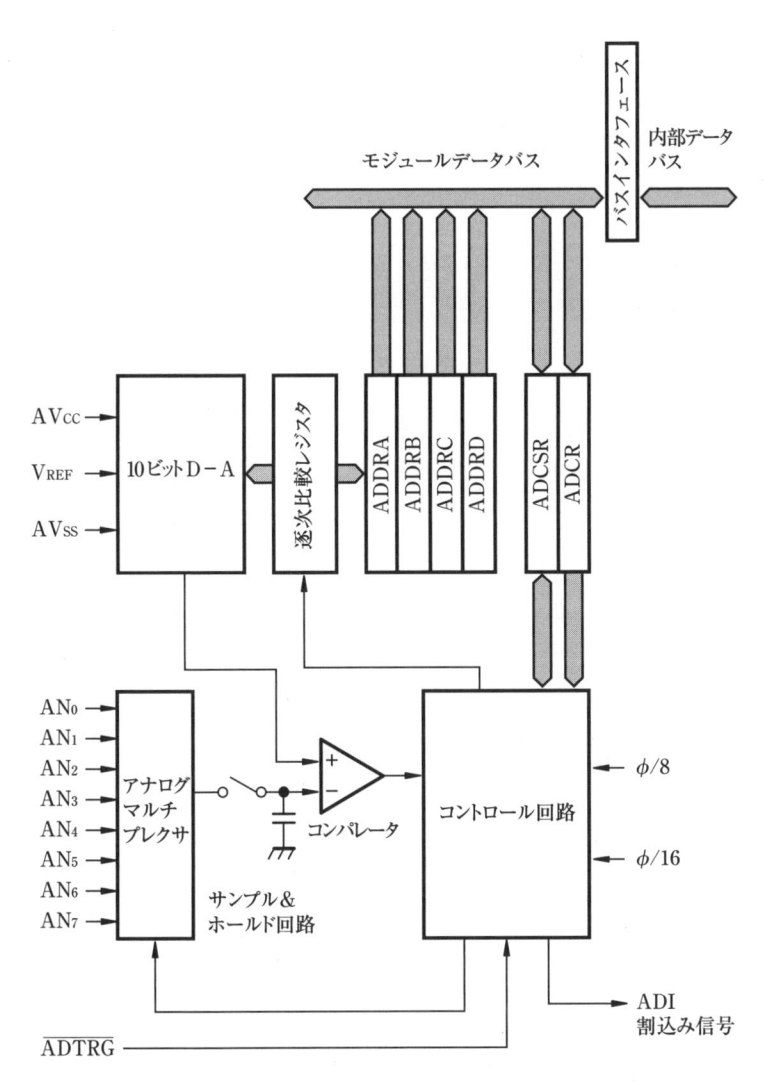

【記号説明】
ADCR: A-Dコントロールレジスタ
ADCSR: A-Dコントロール/ステータスレジスタ
ADDRA: A-DデータレジスタA
ADDRB: A-DデータレジスタB
ADDRC: A-DデータレジスタC
ADDRD: A-DデータレジスタD

第4章 H8/3048Fマイコンの基礎

　変換を行うアナログ電圧の範囲は0～5V，入力ピンはAN_0～AN_7です．そして，最大4入力の変換結果を16ビットのA-Dデータレジスタ（ADDRA～ADDRD）4個（8ビットのL，Hで考えると8個）に保持することができます．このとき変換結果は，レジスタの上位10ビットに格納されることに注意してください．

　表4・18にA-Dコンバータに関するレジスタの一覧，表4・19に入力端子とA-Dデータレジスタの関係を示します．

表4・18　A-Dコンバータのレジスタ一覧

アドレス	名　　称	記号	初期値
FFFFE0H	A-DデータレジスタAH	ADDRAH	00H
FFFFE1H	A-DデータレジスタAL	ADDRAL	00H
FFFFE2H	A-DデータレジスタBH	ADDRBH	00H
FFFFE3H	A-DデータレジスタBL	ADDRBL	00H
FFFFE4H	A-DデータレジスタCH	ADDRCH	00H
FFFFE5H	A-DデータレジスタCL	ADDRCL	00H
FFFFE6H	A-DデータレジスタDH	ADDRDH	00H
FFFFE7H	A-DデータレジスタDL	ADDRDL	00H
FFFFE8H	A-Dコントロール／ステータスレジスタ	ADCSR	00H
FFFFE9H	A-Dコントロールレジスタ	ADCR	7EH

表4・19　入力端子とA-Dデータレジスタの関係

アナログ入力チャネル		A-Dデータレジスタ
グループ0	グループ1	
AN_0	AN_4	ADDRA
AN_1	AN_5	ADDRB
AN_2	AN_6	ADDRC
AN_3	AN_7	ADDRD

　A-Dコンバータに関する各種の設定は，ADCSRとADCRで行います（図4・46，図4・47）．

4・5 周辺機能

変換の実行は，ADCSRのADST（ビット5）を"1"にセットするか，外部トリガ入力端子ADTRG（9番ピン）に立下りエッジのパルスを入力することで始まります．ADTRG端子を使用する場合には，ADCRのTRGE（ビット7）を"1"にセットしておきます．

変換が終了すると，ADCSRのADF（ビット7）が"1"にセットされます．

```
                 7     6     5     4     3     2     1     0
ADCSR         ┌─────┬─────┬─────┬─────┬─────┬─────┬─────┬─────┐
(FFFFE8H)     │ ADF │ADIE │ADST │SCAN │ CKS │ CH2 │ CH1 │ CH0 │
              └─────┴─────┴─────┴─────┴─────┴─────┴─────┴─────┘
```

アナログ入力チャンネル選択

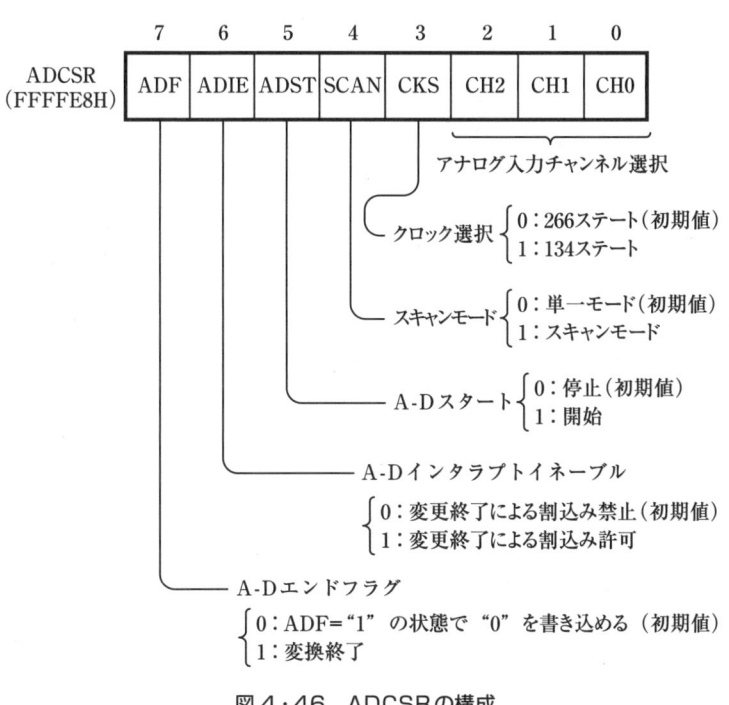

クロック選択 { 0：266ステート（初期値） / 1：134ステート }

スキャンモード { 0：単一モード（初期値） / 1：スキャンモード }

A-Dスタート { 0：停止（初期値） / 1：開始 }

A-Dインタラプトイネーブル
{ 0：変更終了による割込み禁止（初期値） / 1：変更終了による割込み許可 }

A-Dエンドフラグ
{ 0：ADF="1"の状態で"0"を書き込める（初期値） / 1：変換終了 }

図4・46　ADCSRの構成

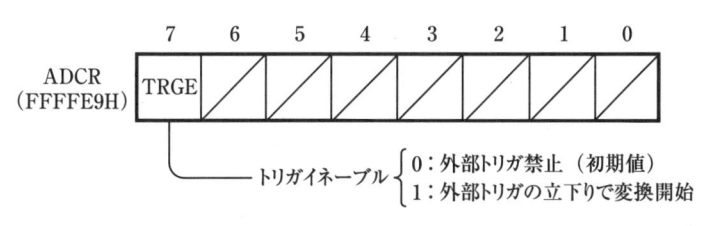

```
                 7     6     5     4     3     2     1     0
ADCR          ┌─────┬─────┬─────┬─────┬─────┬─────┬─────┬─────┐
(FFFFE9H)     │TRGE │  /  │  /  │  /  │  /  │  /  │  /  │  /  │
              └─────┴─────┴─────┴─────┴─────┴─────┴─────┴─────┘
```

トリガイネーブル { 0：外部トリガ禁止（初期値） / 1：外部トリガの立下りで変換開始 }

図4・47　ADCRの構成

表4・20に，ADCSRのビット0～2のアナログ入力チャネル選択の方法を示します．

表4・20　アナログ入力チャネル選択（ADCSR）

グループ選択	チャネル選択		説　明	
CH2	CH1	CH0	単一モード	スキャンモード
0	0	0	AN_0（初期値）	AN_0
		1	AN_1	AN_0, AN_1
	1	0	AN_2	AN_0〜AN_2
		1	AN_3	AN_0〜AN_3
1	0	0	AN_4	AN_4
		1	AN_5	AN_4, AN_5
	1	0	AN_6	AN_4〜AN_6
		1	AN_7	AN_4〜AN_7

6　D-Aコンバータ

D-Aコンバータとは，ディジタルデータをアナログデータに変換する装置のことです（図4・48）．

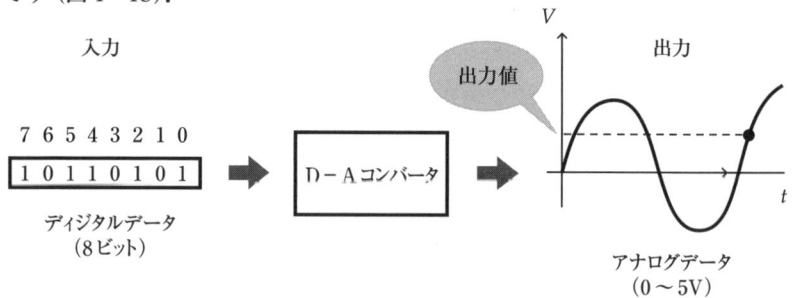

図4・48　D-Aコンバータ

図4・49に，D-Aコンバータの構成を示します．H8/3048Fには，8ビットの分解能をもつ，独立した2チャネルのD-Aコンバータが搭載されています．

DADR0，DADR1は変換するディジタルデータを格納する各8ビットのD-Aデータレジスタです．このレジスタにデータを格納した後，D-Aコントロールレジスタ DACRでアナログ出力を許可するように設定すれば，ポート7のDA_0，DA_1ピンから変換されたアナログデータが出力されます．変換時間は最大10μsです．

4・5 周辺機能

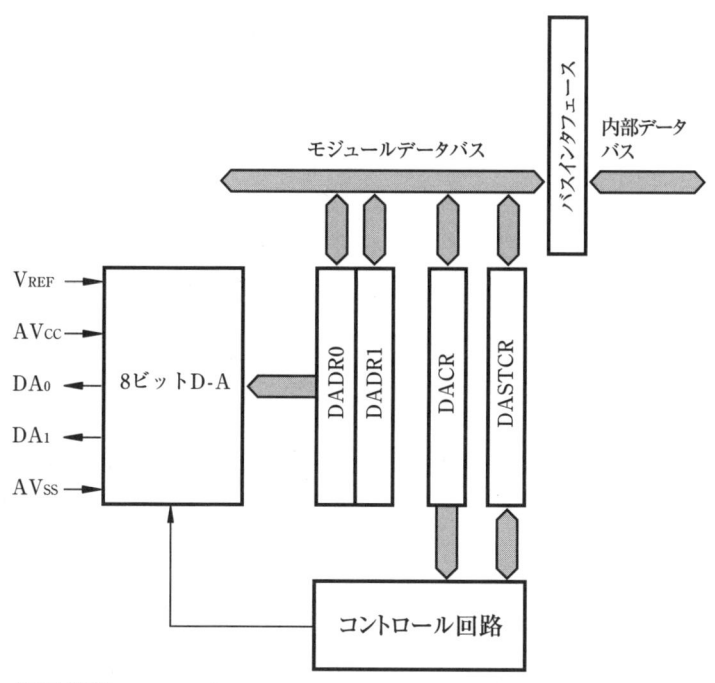

【記号説明】
DACR: D-Aコントロールレジスタ
DADR0: D-Aデータレジスタ0
DADR1: D-Aデータレジスタ1
DASTCR: D-Aスタンバイコントロールレジスタ

図4・49 D-Aコンバータの構成

D-AスタンバイコントロールレジスタDASTCRは，スタンバイモード（低消費電力状態）でのD-A変換を許可する設定を行うレジスタです．

表4・21にD-Aコンバータのレジスタ一覧，図4・50にDACRの構成を示します．

表4・21 D-Aコンバータのレジスタ一覧

アドレス	名　称	記　号	初期値
FFFFDCH	D-Aデータレジスタ0	DADR0	00H
FFFFDDH	D-Aデータレジスタ1	DADR1	00H
FFFFDEH	D-Aコントロールレジスタ	DACR	1FH
FFFF5CH	D-Aスタンバイコントロールレジスタ	DASTCR	FEH

第4章 H8/3048Fマイコンの基礎

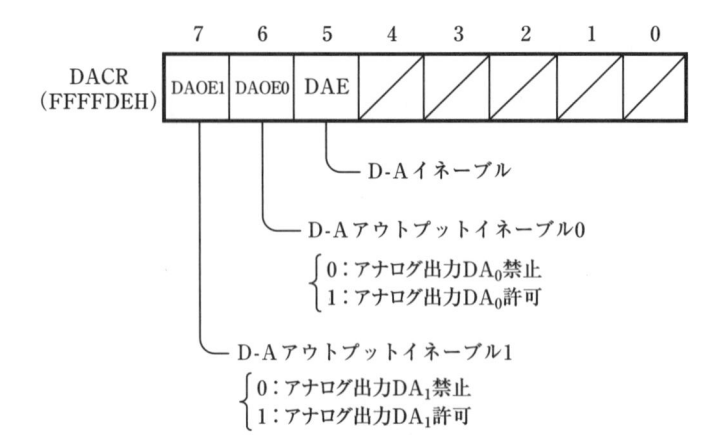

```
              7     6     5    4   3   2   1   0
  DACR     ┌─────┬─────┬─────┬───┬───┬───┬───┬───┐
(FFFFDEH)  │DAOE1│DAOE0│ DAE │ / │ / │ / │ / │ / │
           └──┬──┴──┬──┴──┬──┴───┴───┴───┴───┴───┘
```

　　　　　　　　　└── D-Aイネーブル

　　　　　　└── D-Aアウトプットイネーブル0
　　　　　　　{ 0：アナログ出力DA_0禁止
　　　　　　　{ 1：アナログ出力DA_0許可

　　　└── D-Aアウトプットイネーブル1
　　　　{ 0：アナログ出力DA_1禁止
　　　　{ 1：アナログ出力DA_1許可

ビット7	ビット6	ビット5	変換
DAOE1	DAOE0	DAE	
0	0	/	チャンネル0,1禁止
0	1	0	チャンネル0　許可 チャンネル1　禁止
0	1	1	チャンネル0,1許可
1	0	0	チャンネル0　禁止 チャンネル1　許可
1	0	1	チャンネル0,1許可
1	1	/	チャンネル0,1許可

図4・50　DACRの構成

第5章

アセンブラ言語による実習

　H8の基本的な構成や動作原理について学んできましたが，マイコンを本当に理解するためには，アセンブラ言語による実習が欠かせません．これまで，今ひとつ理解できなかった機能でも，実際に使用してみたらよくわかった，ということも多々あるはずです．H8には多くの機能がありますが，ここでは，よく使われる基本的な機能について実習を行いましょう．

第5章　アセンブラ言語による実習

5・1　アセンブラ言語の基礎

❶ アセンブラ言語とは

　CPUが直接理解できる命令は，"0"と"1"で構成されたマシン（機械）語だけです．しかし，マシン語は人間にとってはとても扱いにくいので，**ニーモニックコード**という記号を使ってプログラムを作成します．そして，作成したプログラムをアセンブラという翻訳用ソフトでマシン語に変換してCPUに与えます（15ページ参照）．例えば，MOVやADDなどがニーモニックコードに該当します．このようなニーモニックコードの集まりを**アセンブラ言語**といいます（図5・1）．

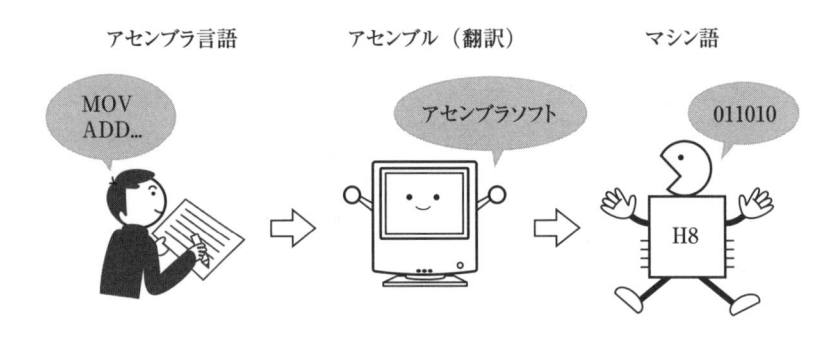

図5・1　アセンブラ言語とマシン語

　実際には，アセンブルの終わったファイルに必要な情報を結合（リンク）するなどして実行可能ファイルを作成しますが，この手順については後で学びます．
　また，一般には，アセンブラ言語のことを**マシン語**と呼ぶこともあります．

❷ アセンブラ制御命令

　ニーモニックコードで書かれたプログラムは，アセンブラによってマシン語に変換されます．一方，アセンブラを制御するための命令は，**アセンブラ制御命令**，または**疑似命令**と呼ばれます．アセンブラ制御命令には，例えば，CPUの種類を指定する，プログラムを格納する先頭アドレスを指定する，データ領域を確保す

るなどの働きをするものがあります．これらのアセンブラ制御命令はアセンブラに対して指示を与えるものですから，マシン語には変換されません（図5・2）．

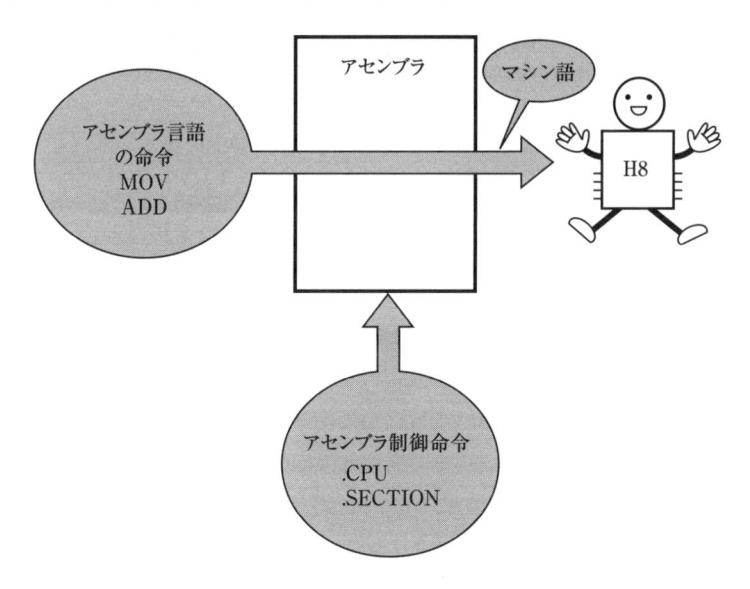

アセンブラ制御命令は，先頭が「．」（ドット）で始まりますが，アセンブラ言語の命令には「．」は付かないので区別ができます．

図5・2 アセンブラ制御命令

H8/3048Fには，30種類以上のアセンブラ制御命令があります．表5・1に，代表的なアセンブラ制御命令を示します．

● .CPU

H8/3048Fをアドバンストモード，24ビットのアドレス空間で使用する場合には，プログラムの先頭で次のように記述します．ただし，この場合は，[:24]を省略することもできます．

  .CPU 300HA [:24]

第5章　アセンブラ言語による実習

表5・1　代表的なアセンブラ制御命令

命　令	機　能
.CPU	使用CPUの指定
.SECTION	セクションの宣言
.ORG	ロケーションカウンタ値の設定
.ALIGN	ロケーションカウンタ値の境界調節
.EQU	シンボル値の設定
.BEQU	ビットデータ名の設定
.DATA	整数データ確保
.SDATA	文字列データ確保
.RES	整数データ領域確保
.END	ソースプログラムの終了

● .SECTION

H8アセンブラ言語のプログラムは，**セクション**という単位で管理されます．セクションには，コードセクション（CODE），データセクション（DATA），コモンセクション（COMMON），スタックセクション（STACK），ダミーセクション（DUMMY）があります．これらは，セクションの属性と呼ばれます．

コードセクションとは主に初期値の設定や実行命令を記述するプログラムの中心部分であり，データセクションとは主にデータを記述する部分です．これらのセクションは，アセンブラ制御命令.SECTIONで指定します．

SECTION セクション名，属性，形式

形式とは，アドレスの指定方法のことで，LOCATEで絶対アドレス形式，ALIGNで相対アドレス形式を指定します．形式の記述を省略した場合には，ALIGN=2が設定され，リンク時にロケーションカウンタ（格納アドレスを示すカウンタ）の値を2の倍数（偶数）番地にします．

例えば，PROG1という名前のコードセクションをメモリの000000H番地から格納する場合には，次のように記述します．

    .SECTION PROG1, CODE, LOCATE=H'000000

5・1 アセンブラ言語の基礎

3 プログラムの書き方

アセンブラ言語のプログラムは，図5・3のような形式で記述します．

| ラベル | オペレーション | オペランド |

図5・3　プログラムの記述形式

● ラベル

ラベルは，その行が格納されているメモリ上のアドレスを示す記号です．本書では，最も左から書き始めて「：」（コロン）で終了する記述法を使います．ラベルを使って分岐先を指定することもできます．使用できる文字は，アルファベット（A〜Z，a〜z大文字と小文字は区別します），数字，アンダスコア「＿」，ドル「＄」です．ただし，命令などを示す予約語は使用できません．ラベルの最大文字数は，251文字です．

● オペレーション

実行命令，アセンブラ制御命令などを記述します．ラベルとの間に1個以上のスペースまたはタブ（TAB）を置いてから書き始めます．

● オペランド

アドレスやレジスタ名など，操作対象となるデータを記述します．命令との間に1個以上のスペースまたはタブを置いてから書き始めます．

● コメント

プログラムの実行に関係しない注釈文です．「；」（セミコロン）を置いてから書き始めた文はコメント文と見なされます．コメント文には，かなや漢字を使用することができます．

図5・4に，プログラムの書き方の例を示しますので，パターンとして参考にしてください．データセクションを指定しない場合には，000000H番地から始まる初期設定と，000100H番地から始まるメインプログラムを記述する2個のコードセクションを指定することにします．

第5章 アセンブラ言語による実習

```
;   *********************************************           コメント文
;         プログラムの基本パターン
;   *********************************************
        .CPU   300HA                ; CPUの指定
        .SECTION PROG1,CODE,LOCATE=H'000000                  初期設定

P1DR    .EQU   H'FFFFC2           ; ポート1のDRアドレスをP1DRと設定

        .SECTION ROM,CODE,LOCATE=H'000100     コメント文

MAIN:   MOV.L  #H'FFFF00,ER7      ; SPの設定                 メイン
        MOV.B  #H'FF,R0L          ; 出力用設定データ         プログラム
        MOV.B  R0L,@P1DDR         ; ポート1を出力に設定
        ⋮
        .END
```

〈ラベル〉〈オペレーション〉〈────── オペランド ──────〉

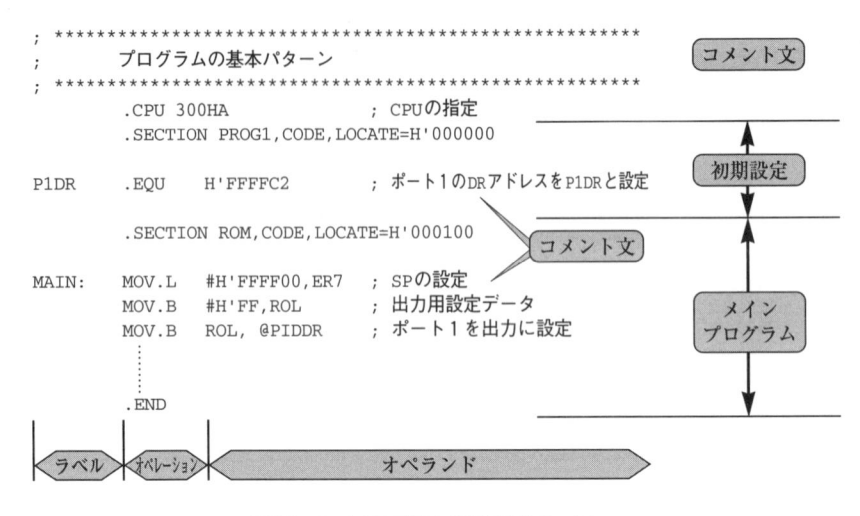

図5・4 プログラムの基本パターン

CPUは，300/Hシリーズをアドバンストモードで24ビットのアドレス空間で使用します．SP(スタックポインタ)は，メインプログラムのはじめでRAMのFFFF00Hに指定します．

● 定数

定数には，整数定数と文字列定数があります(表5・2，表5・3)．

表5・2 整数定数

進数	記号	例
2	B'	B'0010
8	Q'	Q'012
10	D'	D'23
16	H'	H'0D

表5・3 文字列定数

文字	記述
A	"A"
AB	"AB"
漢字	"漢字"
"	""""

文字定数は，半角4文字以内の文字を「"」(ダブルコーテーション)で囲んで記述しますが，「"」自身を対象にする場合には「"」を2個続けて記述します．

5・1 アセンブラ言語の基礎

● ロケーションカウンタ

ロケーションカウンタは，命令などの格納アドレスを示すカウンタで，「$」(ドル記号) で表します．次の例では，$は絶対アドレスで1000Hを示します．

```
【例】      .SECTION     A,CODE,LOCATION=H'1000
      DAT1  .EQU         $
```

4 開発の手順

プログラム開発の手順については，すでに14ページで学びましたが，ここでもう少し具体的に説明します．秋月電子通商から提供されているCD-ROM (29ページ参照) を使用した場合の開発の流れを図5・5に示します．

```
                        [使用ソフト]
① ソースプログラムの記述   エディタ
             ↓
② アセンブル              A38H.EXE  ┐
             ↓                      │
③ リンク                  L38H.EXE  ├ MS-DOS用ソフト
             ↓                      │
④ コンバージョン          C38H.EXE  ┘
             ↓
⑤ ROMに転送              FLASH.EXE  } Windows用ソフト
             ↓
```

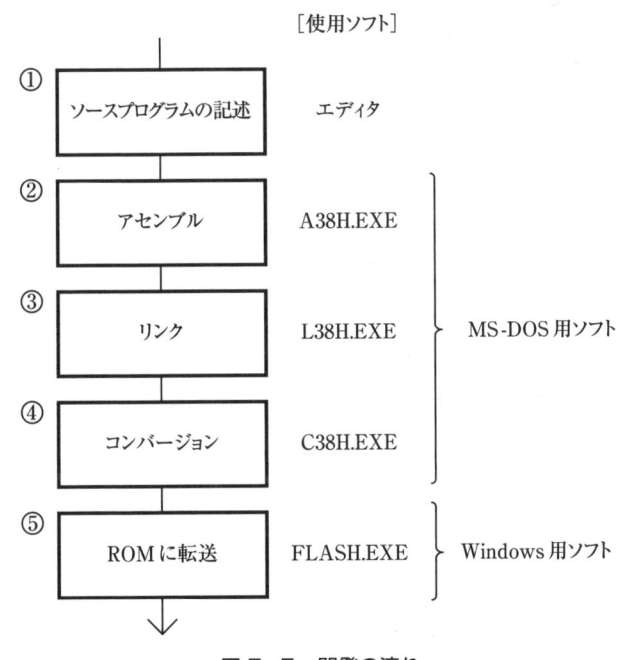

図5・5　開発の流れ

第5章　アセンブラ言語による実習

＜開発の流れ＞

①ソースプログラムの記述

　Windowsに付属のワードパッドなどのエディタソフトを使用して，ソースプログラムを記述します．そして，保存するファイルの拡張子を「mar」にして保存します．

②アセンブル（マシン語へ変換）

　アセンブラソフトを使用して，ソースファイルをアセンブルします．アセンブルの方法は，ソースファイル（拡張子mar）のアイコンをA38H.EXEにドラッグするか，MS-DOSプロンプト（DOS窓）から「c:¥h8>A38H　ソースファイル名」と入力します（拡張子の入力は不要です）．アセンブルが終わると，拡張子が「lis」と「obj」の2個のファイルが作成されます．

③リンク（必要な情報を結合）

　リンカソフトを使用して，オブジェクトファイル（拡張子obj）をリンクします．リンクの方法は，オブジェクトファイルのアイコンをL38H.EXEにドラッグするか，MS-DOSプロンプト（DOS窓）から「c:¥h8>L38H　オブジェクトファイル名」と入力します（拡張子の入力は不要です）．リンクが終わると，拡張子が「abs」のファイルが作成されます．

④コンバージョン（フォーマット変換）

　コンバータソフトを使用して，absファイルをH8のROMに書き込めるフォーマットに変換します．

　コンバージョンの方法は，absファイルのアイコンをC38H.EXEにドラッグするか，MS-DOSプロンプト（DOS窓）から「c:¥h8>C38H　absファイル名」と入力します（拡張子の入力は不要です）．コンバージョンが終わると，拡張子が「mot」のファイルが作成されます．

　以上，アセンブラ，リンカ，コンバータは，MS-DOS用のソフトなので，CD-ROMからコピーすれば使用できます．図5・6にMS-DOSプロンプトからコマンドを入力した場合の作業例，図5・7に使用ファイルを示します．ファイル名は「test1」，作業用フォルダはCドライブの「H8」としています．

5・1 アセンブラ言語の基礎

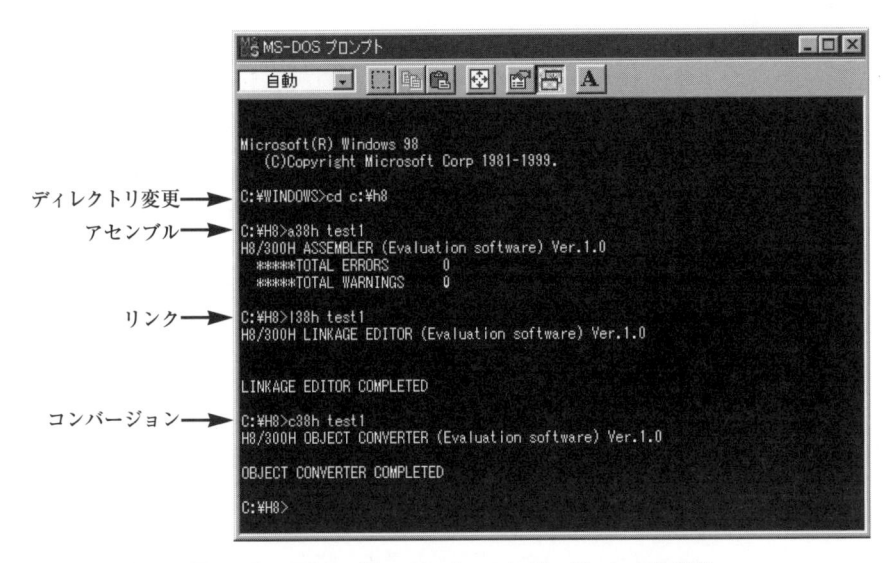

ディレクトリ変更 → `C:\WINDOWS>cd c:\h8`

アセンブル → `C:\H8>a38h test1`
H8/300H ASSEMBLER (Evaluation software) Ver.1.0
*****TOTAL ERRORS   0
*****TOTAL WARNINGS 0

リンク → `C:\H8>l38h test1`
H8/300H LINKAGE EDITOR (Evaluation software) Ver.1.0

LINKAGE EDITOR COMPLETED

コンバージョン → `C:\H8>c38h test1`
H8/300H OBJECT CONVERTER (Evaluation software) Ver.1.0

OBJECT CONVERTER COMPLETED

`C:\H8>`

図5・6　アセンブル，リンク，コンバージョンの作業例

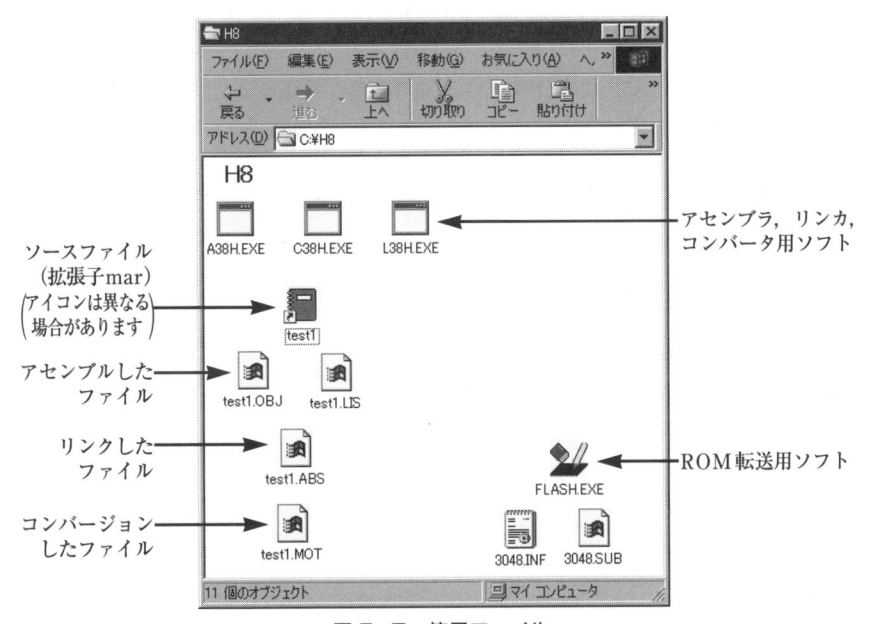

- アセンブラ，リンカ，コンバータ用ソフト: A38H.EXE, C38H.EXE, L38H.EXE
- ソースファイル（拡張子mar）（アイコンは異なる場合があります）: test1
- アセンブルしたファイル: test1.OBJ, test1.LIS
- リンクしたファイル: test1.ABS
- コンバージョンしたファイル: test1.MOT
- ROM転送用ソフト: FLASH.EXE
- 3048.INF, 3048.SUB

図5・7　使用ファイル

第5章 アセンブラ言語による実習

⑤ROMに転送

　MOTファイルができあがれば，転送ソフトを使用して，H8/3048FのROMに転送します．使用するソフトFLASH.EXEは，Windows用ソフトなので，インストールはCD-ROMに収録されているSETUP.EXEを使用します．ここでは，秋月電子通商のマザーボード(31ページ参照)を使用した，プログラム書込みの手順を紹介します．

＜プログラムをROMへ書き込む手順＞

①H8/3048Fボードを差し込んだマザーボードを，RS232Cケーブルでパソコンと接続します．電源スイッチS6とライタスイッチS7はどちらもOFFにしておきます．

②FLASH.EXEをダブルクリックして起動します．図5・8に示す起動ウインドウが表示されたら，フラッシュメモリブロック情報ファイルに「3048.inf」，モード選択に「ブートモード」を選択して「設定」ボタンをクリックします．

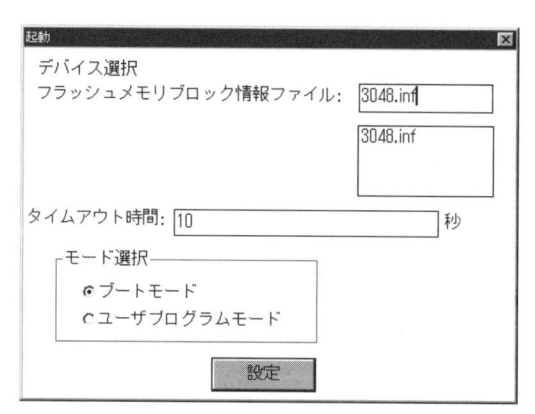

図5・8　起動ウインドウ

5・1 アセンブラ言語の基礎

③ブートモード設定ウインドウ（図5・9）が表示されたら，ライタスイッチS7をONにして，その後に電源スイッチS6をONにします．S7の操作は，必ずS6がOFFの時に行うようにしてください．

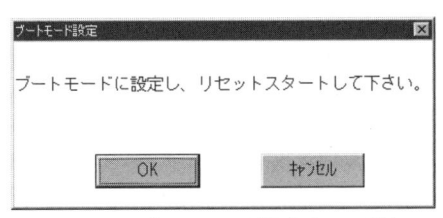

図5・9　ブートモード設定ウインドウ

④**書込み制御用のプログラム**が，H8/3048FのRAMに転送されます（図5・10）．転送が終われば，転送ウインドウが閉じます．

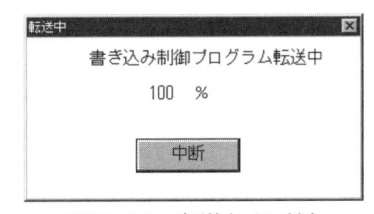

図5・10　転送ウインドウ

⑤メニューバーの「WRITE」をクリックするとWRITEコマンドウインドウが表示されますから，転送するMOTファイル名を入力し，「OK」ボタンをクリックします（図5・11）．ファイル名の入力には，「参照」ボタンを使用すると便利です．

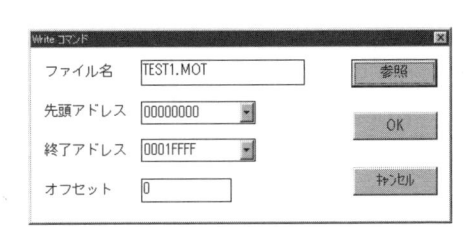

図5・11　WRITEコマンドウインドウ

⑥MOTファイルの転送が終了すれば，転送ソフトFLASHウインドウの右上の ✕ ボタンをクリックしてプログラムを終了します．

⑦マザーボードの電源スイッチS6をOFFにした後で，ライタスイッチS7をOFFにします．

以上で，作成したプログラムの書込み作業は終わりです．CD-ROMには，各種のマニュアルが収録されていますので，必要に応じて参照するとよいでしょう．

5・2 LEDの制御

❶ LEDの点灯

　LED（発光ダイオード）の制御実習を行いましょう．マイコン制御の基本は，"0"，"1" のデータを取り込んで，加工処理した後に，やはり "0"，"1" のデータとして出力することです．したがって，これから行うスイッチ入力とLEDの点灯

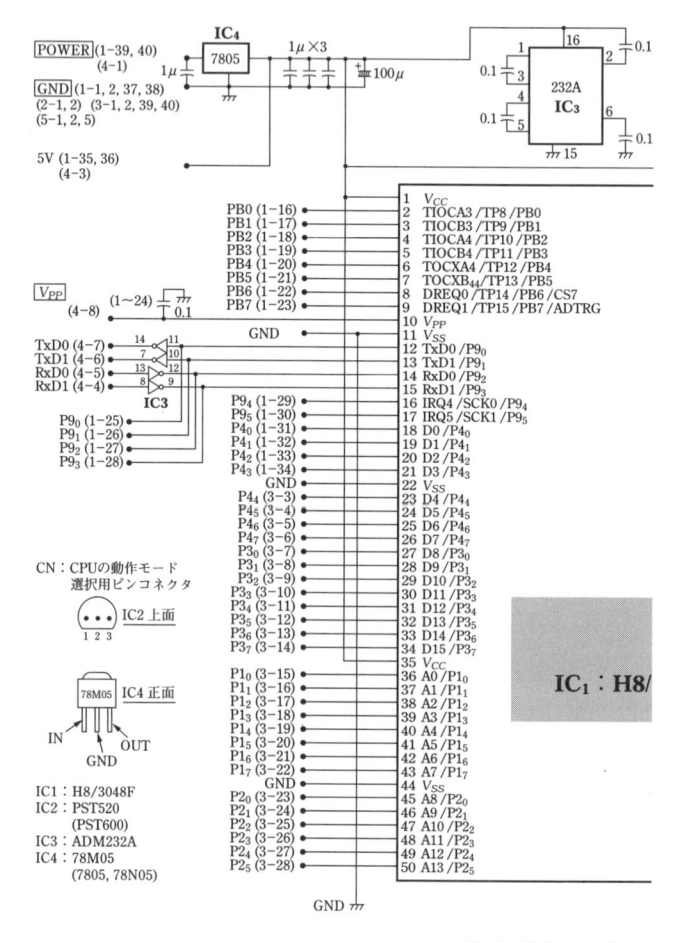

図5・12　マイコン

5・2 LEDの制御

実習は，非常に大切な基本事項となります．スイッチから取り込んだデータによって，LEDを自在に点灯できるようになってください．

実習では，秋月電子通商のH8/3048Fボードとマザーボードを使用した例を紹介します．もし，異なるボードを使用する場合でも，回路図などと同等の接続をすれば，同じ実習が行えます．

図5・12にマイコンボード，図5・13にマザーボードの回路図を示します．

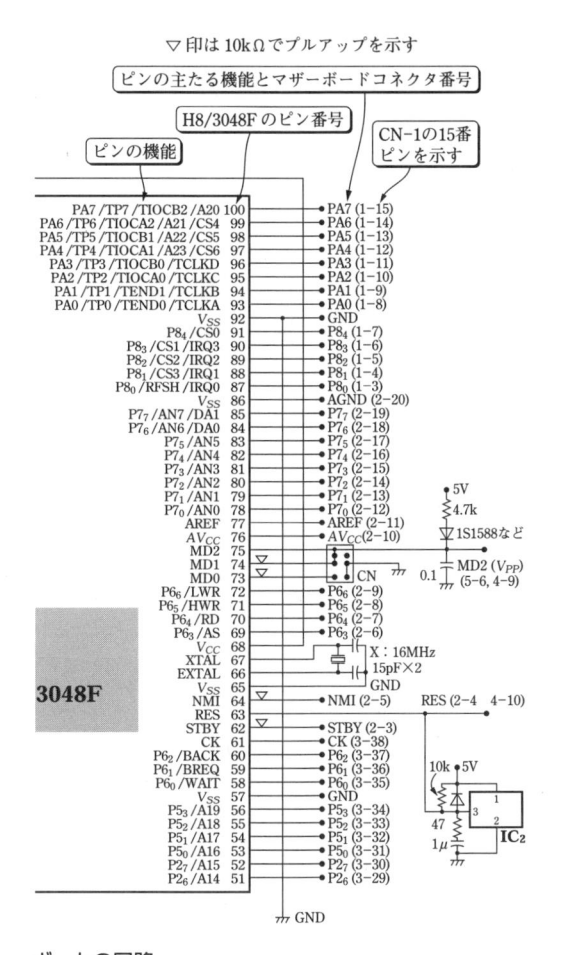

ポートの回路

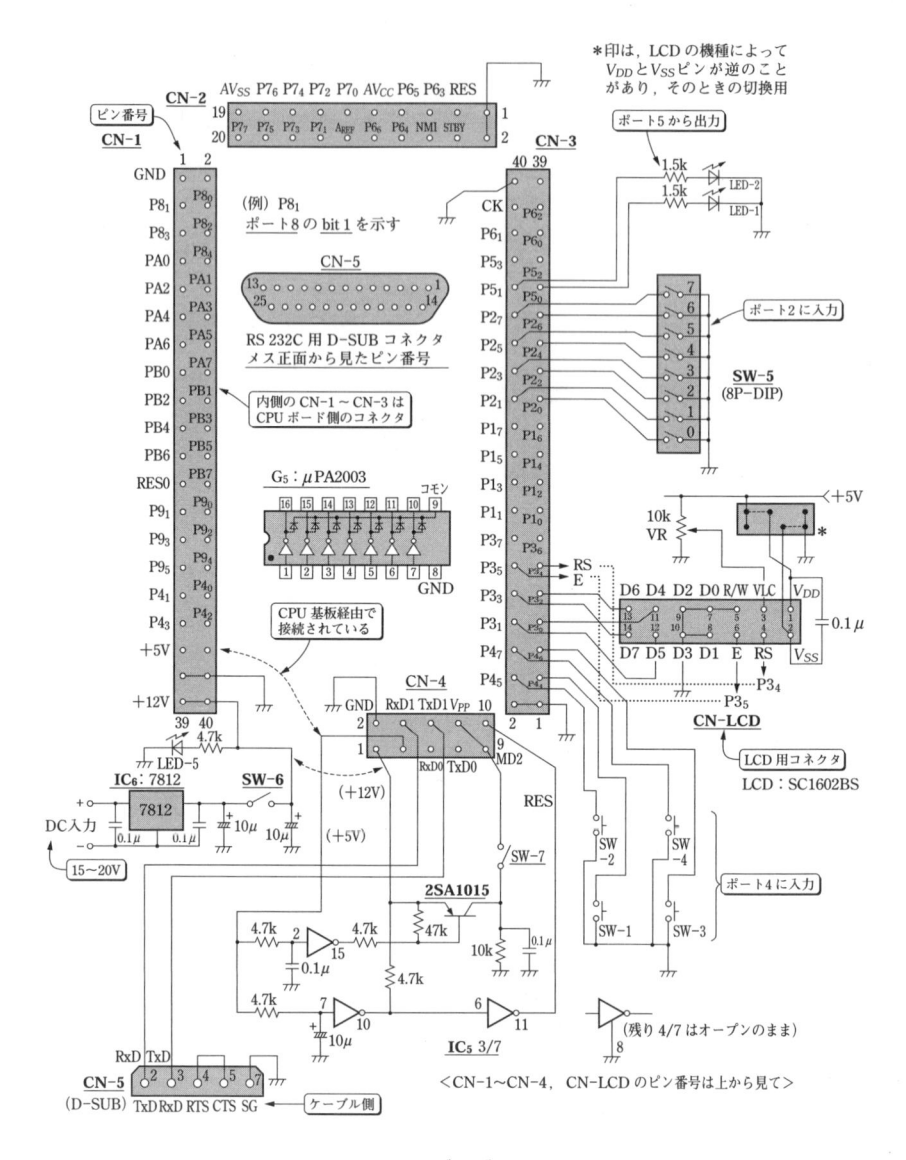

第5章 アセンブラ言語による実習

図5・13 マザーボードの回路図

5・2 LEDの制御

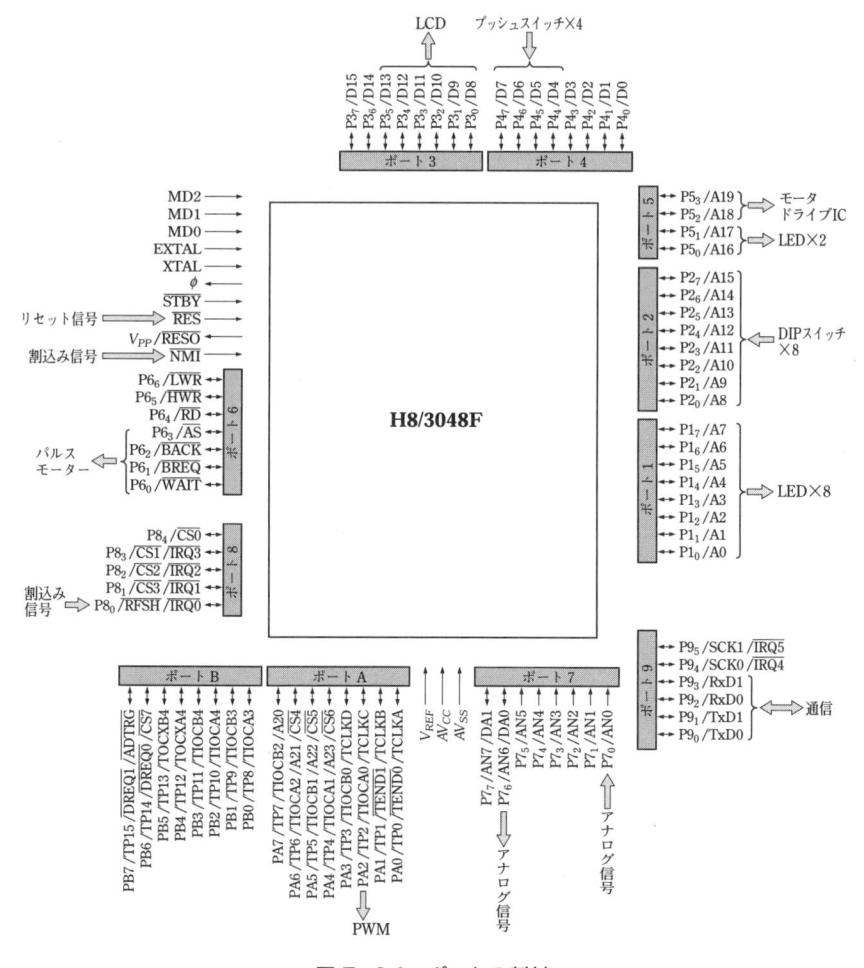

図5・14 ポートの割付

　初めに，LEDの制御実習を行うために，マザーボード上にCPUのリセットスイッチと8個のLEDを増設します．リセット端子$\overline{\text{RES}}$（H8のピン63番）は，H8/3048FボードのコネクタCN2のピン4番に出ています．LEDは，H8/3048Fのポート1（コネクタCN3のピン15～22番）に接続します．

　図5・15に回路図を，図5・16に増設後の外観を示します．

第5章　アセンブラ言語による実習

　ポート1では，LEDを直接制御することが可能ですが，流せる電流の向きに注意しましょう（90ページ参照）．図5・15の回路では，ポート1からの出力が"0"のときにLEDが点灯します．

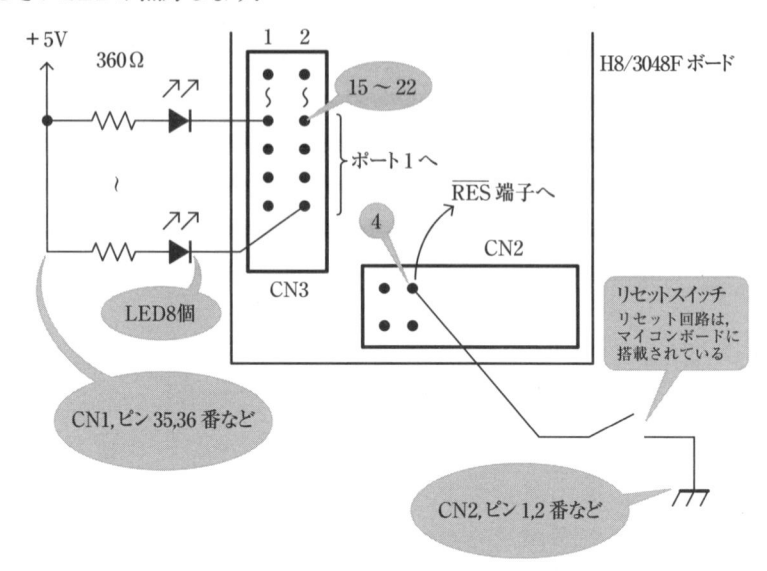

図5・15　リセットスイッチとLEDの増設回路

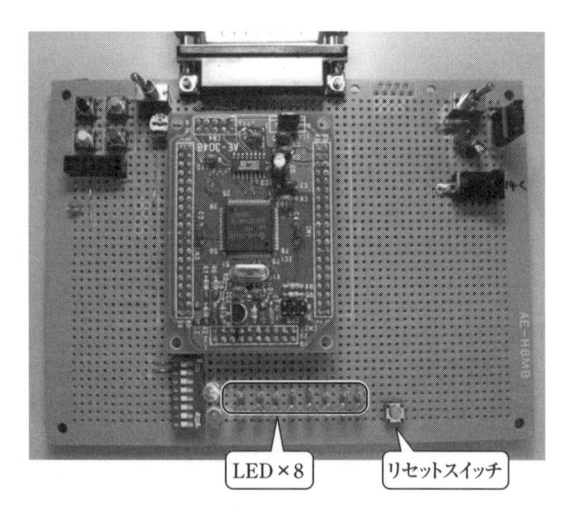

図5・16　リセットスイッチとLEDを増設

5・2 LEDの制御

● LED点灯プログラム1

プログラム中に設定したデータ通りにLEDが点灯するプログラムを作成しましょう．＜リスト1＞にソースプログラム，図5・17にフローチャートを示します．

＜プログラムの説明＞

① CPUの種類を300HAと指定し，アドレス空間の指定を省略していますので，アドレス空間は24ビット（16進数6桁）になります．
② EQU命令を使って，ポート1のDRとDDRのアドレスをシンボルに置き換えます．
③ スタックポインタ（ER7）に，RAMのアドレスを設定します．
④ P1DDRのすべてのビットに"1"を書き込んで出力用に設定します．
⑤ P1DRに，点灯データを出力します．データ"0"を出力したビットのLEDは点灯し，データ"1"を出力したビットのLEDは消灯します．
⑥ アセンブラ制御命令ENDは，アセンブラに対してプログラムの終了を示すだけであり，マシン語には変換されません．したがってジャンプ命令でループを作りCPUを待機させます．

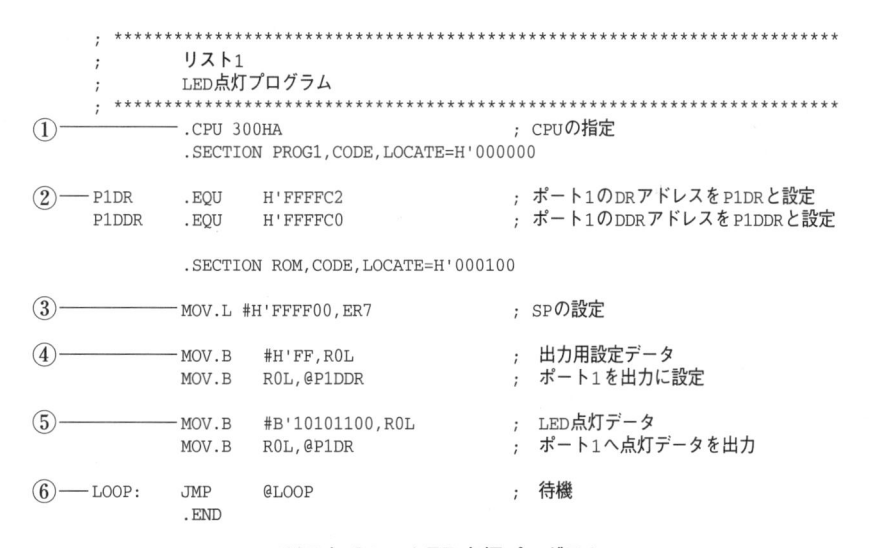

```
        ;   ***************************************************************
        ;           リスト1
        ;           LED点灯プログラム
        ;   ***************************************************************
①              .CPU    300HA                   ; CPUの指定
                .SECTION PROG1,CODE,LOCATE=H'000000
② P1DR          .EQU    H'FFFFC2                ; ポート1のDRアドレスをP1DRと設定
   P1DDR        .EQU    H'FFFFC0                ; ポート1のDDRアドレスをP1DDRと設定

                .SECTION ROM,CODE,LOCATE=H'000100
③              MOV.L   #H'FFFF00,ER7           ; SPの設定
④              MOV.B   #H'FF,R0L               ; 出力用設定データ
                MOV.B   R0L,@P1DDR              ; ポート1を出力に設定
⑤              MOV.B   #B'10101100,R0L         ; LED点灯データ
                MOV.B   R0L,@P1DR               ; ポート1へ点灯データを出力
⑥ LOOP:        JMP     @LOOP                   ; 待機
                .END
```

＜リスト1＞ LED点灯プログラム

第5章　アセンブラ言語による実習

ソースファイルの名前を,「LED1.MAR」としてテキスト形式で保存し,アセンブルを行います.エラー(ERROR)や警告(WARNING)のメッセージが出た場合には,ソースプログラムをよく点検してください.エラーメッセージがあると目的ファイル(拡張子obj)は作成されませんので注意してください.

図5・18に,アセンブル後の情報の一部を示します.この情報は,LED1.LISというファイルとして出力されます.

プログラム本体は,ROMの000100H番地から順次格納されています(図5・18の11行目).そして,アセンブラ制御命令は,マシン語には変換されていないことが確認できます.

アセンブルが終われば,リンク,コンバージョン,ROMへの書込みと作業を続けてください(114ページ参照).

図5・17　フローチャート

```
 1    行番号              1   ;****************************************************
 2                        2   ;         リスト1
 3                        3   ;         LED 点灯プログラム
 4    アドレス             4   ;****************************************************
 5                        5           .CPU 300HA                    ; CPUの指定
 6 000000                 6           .SECTION PROG1,CODE,LOCATE=H'000000
 7                        7
 8       00FFFFC2         8   P1DR   .EQU    H'FFFFC2              ; ポート1のDRアドレスをP1DRと設定
 9       00FFFFC0         9   P1DDR  .EQU    H'FFFFC0              ; ポート1のDDRアドレスをP1DDRと設定
10                       10
11 000100                11           .SECTION ROM,CODE,LOCATE=H'000100
12                       12
13 000100 7A0700FFFF00   13           MOV.L  #H'FFFF00,ER7         ; SPの設定
14                       14
15 000106 F8FF           15           MOV.B  #H'FF,R0L             ; 出力用設定データ
16 000108 6AA800FFFFC0   16           MOV.B  R0L,@P1DDR            ; ポート1を出力に設定
17                       17
18 00010E F8AC           18           MOV.B  #B'10101100,R0L       ; LED点灯データ
19 000110 6AA800FFFFC2   19           MOV.B  R0L,@P1DR             ; ポート1へ点灯データを出力
20                       20
21 000116 5A000116       21   LOOP:  JMP    @LOOP                  ; 待機
22    マシン語            22           .END
```

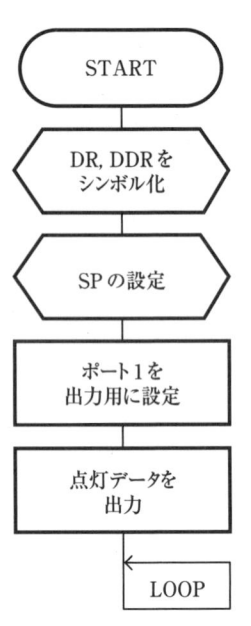

図5・18　アセンブル後の情報例

5・2 LEDの制御

　プログラムの転送が終われば，電源スイッチS6をOFFにした後で，ライタスイッチS7をOFFにします．そして，再度，電源スイッチS6をONにすればプログラムが実行されます．LEDは，図5・19のように点灯したでしょうか．

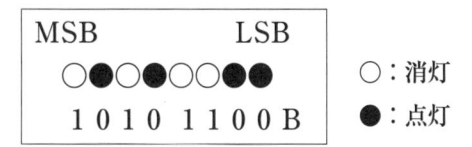

```
  MSB         LSB
  ○●●●○○●●      ○：消灯
  1 0 1 0  1 1 0 0 B   ●：点灯
```

図5・19　＜リスト1＞の実行結果

　うまく動作したなら，点灯データを変化させて，もう一度実行してみてください．指定したようにLEDが点灯できれば，H8マスターへの実践的な第一歩を踏み出せたことになります（保証されているROMの書換え回数は100回ではありますが，実習では回数を気にせず使い潰すつもりで取り組めば成果が上がるのではないでしょうか）．

　＜リスト1＞では，データ"0"でLEDが点灯しましたが，データ"1"で点灯させる場合には，データを反転（NOT）した後に出力すればOKです．＜リスト2＞でプログラムを確認してください．

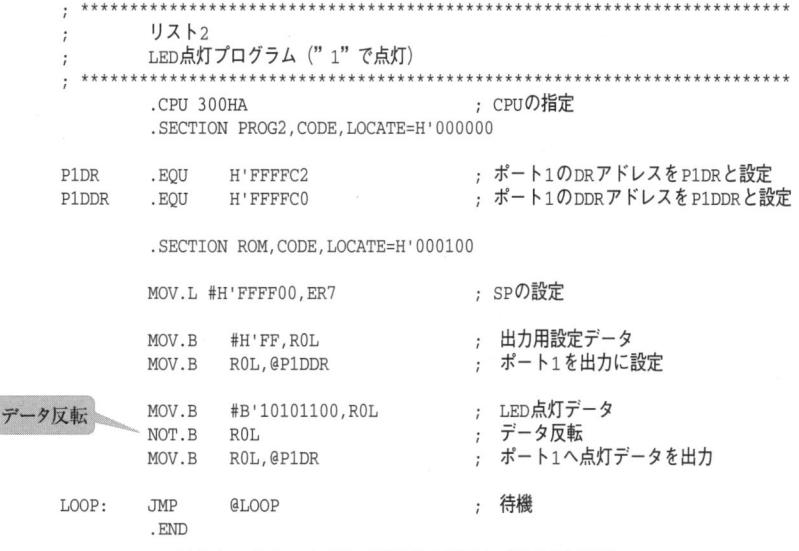

```
        ;   *****************************************************************
        ;           リスト2
        ;           LED点灯プログラム（"1"で点灯）
        ;   *****************************************************************
                .CPU 300HA                      ; CPUの指定
                .SECTION PROG2,CODE,LOCATE=H'000000

        P1DR    .EQU    H'FFFFC2                ; ポート1のDRアドレスをP1DRと設定
        P1DDR   .EQU    H'FFFFC0                ; ポート1のDDRアドレスをP1DDRと設定

                .SECTION ROM,CODE,LOCATE=H'000100

                MOV.L   #H'FFFF00,ER7           ; SPの設定

                MOV.B   #H'FF,R0L               ; 出力用設定データ
                MOV.B   R0L,@P1DDR              ; ポート1を出力に設定

   データ反転→  MOV.B   #B'10101100,R0L         ; LED点灯データ
                NOT.B   R0L                     ; データ反転
                MOV.B   R0L,@P1DR               ; ポート1へ点灯データを出力

        LOOP:   JMP     @LOOP                   ; 待機
                .END
```

＜リスト2＞　LED点灯プログラム（"1"で点灯）

❷ スイッチ入力

　出力をマスターしたなら，次は入力の実習です．マザーボードには，8ビットのDIPスイッチが取り付けられており，ポート2の$P2_0$〜$P2_7$へ接続されています．このスイッチで設定した通りにLEDを点灯させるプログラムを作成しましょう．

　図5・20に，スイッチの回路を示します．

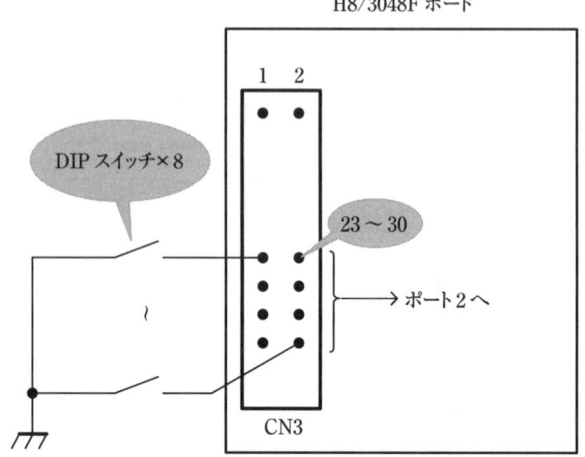

図5・20　スイッチ回路

　ポート2には，スイッチをONにすると"0"，OFFにすると"1"のデータが入力されます．スイッチ回路には，プルアップ抵抗が接続されていませんので，このままではスイッチOFFのときに入力データが不定になってしまいます．それで，ポート2に内蔵されている入力プルアップ機能を利用します(86ページ参照)．

　＜リスト3＞にソースプログラム，図5・21にフローチャートを示します．

＜プログラムの説明＞

① EQU命令を使って，ポート1とポート2のDRとDDRのアドレスをシンボルに置き換えます．

② ポート2のプルアップ機能設定レジスタP2PCRのアドレスをシンボルに置き換えます．

③ P1DDRのすべてのビットに"1"を書き込んで出力用に設定します．

5・2 LEDの制御

```
        ;************************************************
        ;       リスト3
        ;       スイッチ入力プログラム
        ;************************************************
                .CPU    300HA                   ; CPUの指定
                .SECTION PROG3,CODE,LOCATE=H'000000
①─── P1DR    .EQU    H'FFFFC2        ; ポート1のDRアドレスをP1DRと設定
        P1DDR   .EQU    H'FFFFC0        ; ポート1のDDRアドレスをP1DDRと設定
        P2DR    .EQU    H'FFFFC3        ; ポート2のDRアドレスをP2DRと設定
        P2DDR   .EQU    H'FFFFC1        ; ポート2のDDRアドレスをP2DDRと設定
②─── P2PCR   .EQU    H'FFFFD8        ; ポート2のPCRアドレスをP2PCRと設定

                .SECTION ROM,CODE,LOCATE=H'000100

                MOV.L   #H'FFFF00,ER7   ; SPの設定
③───       MOV.B   #H'FF,R0L       ; 出力用設定データ
                MOV.B   R0L,@P1DDR      ; ポート1を出力に設定
④───       MOV.B   #H'00,R0H       ; 入力用設定データ
                MOV.B   R0H,@P2DDR      ; ポート2を入力に設定
⑤───       MOV.B   R0L,@P2PCR      ; ポート2のプルアップを有効に設定
⑥──┐
        LOOP:   MOV.B   @P2DR,R0L       ; ポート2からスイッチデータを入力
⑦───       MOV.B   R0L,@P1DR       ; ポート1へ点灯データを出力
⑧───       JMP     @LOOP           ; 繰り返し
                .END
```

<リスト3> スイッチ入力プログラム

④P2DDRのすべてのビットに"0"を書き込んで入力用に設定します．

⑤P2PCRのすべてのビットに"1"を書き込んでプルアップ機能を有効に設定します．書き込むデータは，P1DDR設定用に用意したものを再利用します．

⑥P2DRからスイッチデータを入力します．

⑦P1DRに，点灯データを出力します．データ"0"を出力したビットのLEDが点灯しますので，スイッチONで対応するLEDが点灯します．

⑧スイッチ入力と点灯データ出力を繰り返します．
このプログラムでは，JMP命令でスイッチ入力と点灯

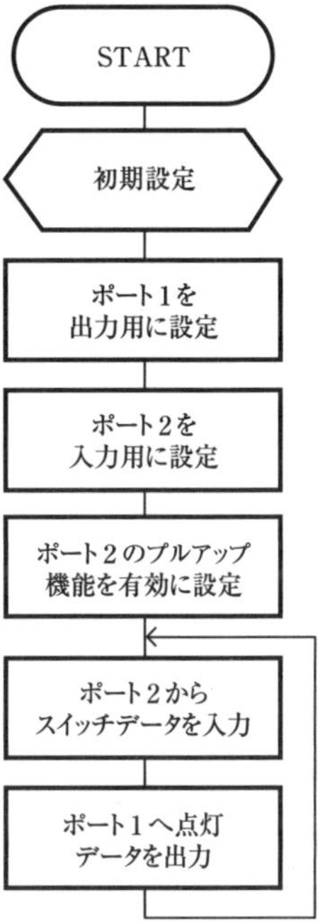

図5・21 フローチャート

データ出力を繰り返していますので，プログラム実行中にスイッチを操作すると，そのデータがLEDの点灯に反映されます．

図5・22に，実行結果の例を示します．

図5・22 スイッチ入力プログラムの実行例

❸ LEDの点滅

タイマプログラムを作ってLEDを一定周期で点滅させてみましょう．タイマは，多くのプログラムの基本となる応用範囲の広い機能です．

図5・23にタイマプログラムの基本形，図5・24にフローチャートを示します．汎用レジスタにセットした値から，1をデクリメント（減算）していき，結果が0になったら処理を終了します．NOP命令は時間稼ぎのために使っています．

```
TIM1:   MOV.L    #D'20000,ER6    ; ER6に，20000をセット
L1:     DEC.L    #1,ER6          ; ER6から1を引く
        NOP                      ; 時間稼ぎ
        BNE      L1              ; ER6≠0ならL1にジャンプ
```

図5・23 タイマプログラムの基本形

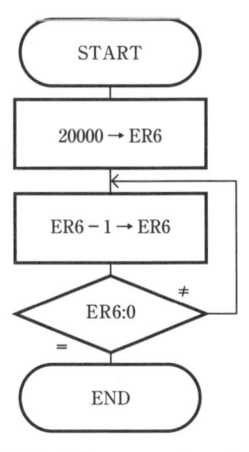

図5・24 フローチャート

5・2 LEDの制御

ループで繰り返される各命令のステート数は，次のようになります．

 DEC.L 2ステート
 NOP   2ステート
 BNE   4ステート

つまり，合計8ステートです．CPUの動作周波数が16MHzならば，1ステートは$0.0625\mu s$（81ページ参照）ですから，8ステート$\times 0.0625\mu s = 5\times 10^{-4}$msとなります．したがって，例えば，10msのタイマを作る場合には，10ms÷（5×10^{-4}）ms＝20,000を汎用レジスタにセットすればよいことになります．

このタイマを必要に応じた回数だけ呼び出せば，さらに長時間のタイマを構成することができます．

＜リスト4＞にタイマプログラムをサブルーチンにしたLED点滅プログラム，図5・25にフローチャートを示します．このプログラムでは，10msのタイマを500回繰り返して実行することで，5秒（10ms×500）のタイマを構成しています．プログラムを実行すると，5秒経過するたびに，最上位ビットから最下位ビットに向けてLEDの点灯が移動（ローテイト）します．5秒という設定では，LEDを見ていると少々遅すぎるように感じるかもしれませんが，時計の秒針などで計測できるようにと，あえて遅くしました．実際にLEDの移動時間を確認した後で，10倍程度のスピードに変更して実習してください．

また，LEDの移動方向を反対にするなど，各自でプログラムの変更を考えて実習で動作を確認してください．

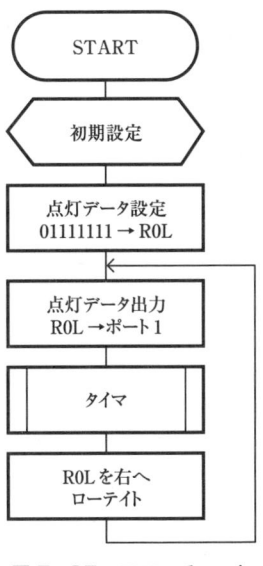

図5・25 フローチャート

第5章 アセンブラ言語による実習

```
;   **********************************************************************
;           リスト4
;           LED点滅プログラム
;   **********************************************************************
            .CPU    300HA                   ; CPUの指定
            .SECTION PROG4,CODE,LOCATE=H'000000

P1DR   .EQU         H'FFFFC2                ; ポート1のDRアドレスをP1DRと設定
P1DDR  .EQU         H'FFFFC0                ; ポート1のDDRアドレスをP1DDRと設定

            .SECTION ROM,CODE,LOCATE=H'000100

            MOV.L   #H'FFFF00,ER7           ; SPの設定

            MOV.B   #H'FF,R0L               ; 出力用設定データ
            MOV.B   R0L,@P1DDR              ; ポート1を出力に設定

            MOV.B   #B'01111111,R0L         ; LED点灯データ

LOOP:       MOV.B   R0L,@P1DR               ; ポート1へ点灯データを出力
            JSR     @TIM2                   ; タイマサブルーチンの呼び出し
            ROTR.B  R0L                     ; 右に1ビットローテイト
            JMP     @LOOP                   ; 繰り返し

TIM2:       MOV.W   #D'500,E5               ; 5秒のタイマサブルーチン
L2:         JSR     @TIM1
            DEC.W   #1,E5
            BNE     L2
            RTS

TIM1:       MOV.L   #D'20000,ER6            ; 10msのタイマサブルーチン
L1:         DEC.L   #1,ER6
            NOP
            DNE     L1
            RTS

            .END
```

<リスト4> LED点滅プログラム

❹ インテグレーテッドタイマの使用

ITU（インテグレーテッドタイマ）の概要については，すでに95ページで学びました．ここでは，実際にITU機能を使用したプログラムを作成しましょう．

ITUは，16ビットのカウンタが基本となっており，ジェネラルレジスタにセットした値とカウンタの値を比較して，出力ピンのデータを反転させるなどして，様々な波形を作ることができます．また，出力ピンのデータを割込み信号として他の機能に入力することもできます．

＜リスト4＞のLED点滅プログラムでは，タイマサブルーチンを用意してLEDを点滅させましたが，ITUを使って同様の操作を行ってみましょう．

ITUのプリスケーラ機能を使うとクロックを最大1/8まで分周できます．したがって，1チャネルでカウントできる最大の時間は次のように計算できます．

2^{16}ビット（カウンタは16ビット）×0.0625μs（1ステート）≒ 4.1ms

4.1ms×8（分周）= 32.8ms

＜リスト4＞で行ったLEDの点灯をローテイトする場合，32msの点滅時間を得られれば人間の目でも動作確認ができます．

＜リスト5＞にITUを使ったLED点滅プログラム，図5・26にフローチャートを示します．＜リスト4＞とは，点灯LEDの移動方向を変えてあります．

表5・4に，＜リスト5＞のプログラムで使用したITU関係のレジスタを示します．

表5・4　使用したITUレジスタ

アドレス	名　　称	記号	初期値
FFFF60H	タイマスタートレジスタ	TSTR	E0H
FFFF64H	タイマコントロールレジスタ0	TCR0	80H
FFFF67H	タイマステータスレジスタ0	TSR0	F8H

TSTRは，ITUすべてのチャネルに共通のレジスタですが，TCR0とTSR0はチャネル0専用のレジスタです．

第5章 アセンブラ言語による実習

```
;****************************************************************
;       リスト5
;       ITU使用プログラム
;****************************************************************
        .CPU    300HA                   ; CPUの指定
        .SECTION PROG5,CODE,LOCATE=H'000000

P1DR    .EQU    H'FFFFC2                ; ポート1のDR
P1DDR   .EQU    H'FFFFC0                ; ポート1のDDR
TSTR    .EQU    H'FFFF60                ; タイマスタートレジスタ
TCR0    .EQU    H'FFFF64                ; タイマコントロールレジスタ0
TSR0    .EQU    H'FFFF67                ; タイマステータスレジスタ0

        .SECTION ROM,CODE,LOCATE=H'000100

        MOV.L   #H'FFFF00,ER7           ; SPの設定

        MOV.B   #H'FF,R0L               ; 出力用設定データ
        MOV.B   R0L,@P1DDR              ; ポート1を出力に設定
        MOV.B   #H'03,R0H               ; 1/8分周データ
        MOV.B   R0H,@TCR0               ; プリスケーラ設定
        MOV.B   #B'11111110,R0L         ; LED点灯データ

        BSET    #0,@TSTR                ; ITUカウントスタート
L1:     MOV.B   R0L,@P1DR               ; ポート1へ点灯データを出力
L2:     BTST    #2,@TSR0                ; オーバフローフラグのチェック
        BEQ     L2                      ; "1"でなければL2へジャンプ
        ROTL.B  R0L                     ; 左に1ビットローテイト
        BCLR    #2,@TSR0                ; オーバフローフラグのクリア
        JMP     @L1                     ; 繰り返し

        .END
```

<リスト5> ITU使用プログラム

図5・26 フローチャート

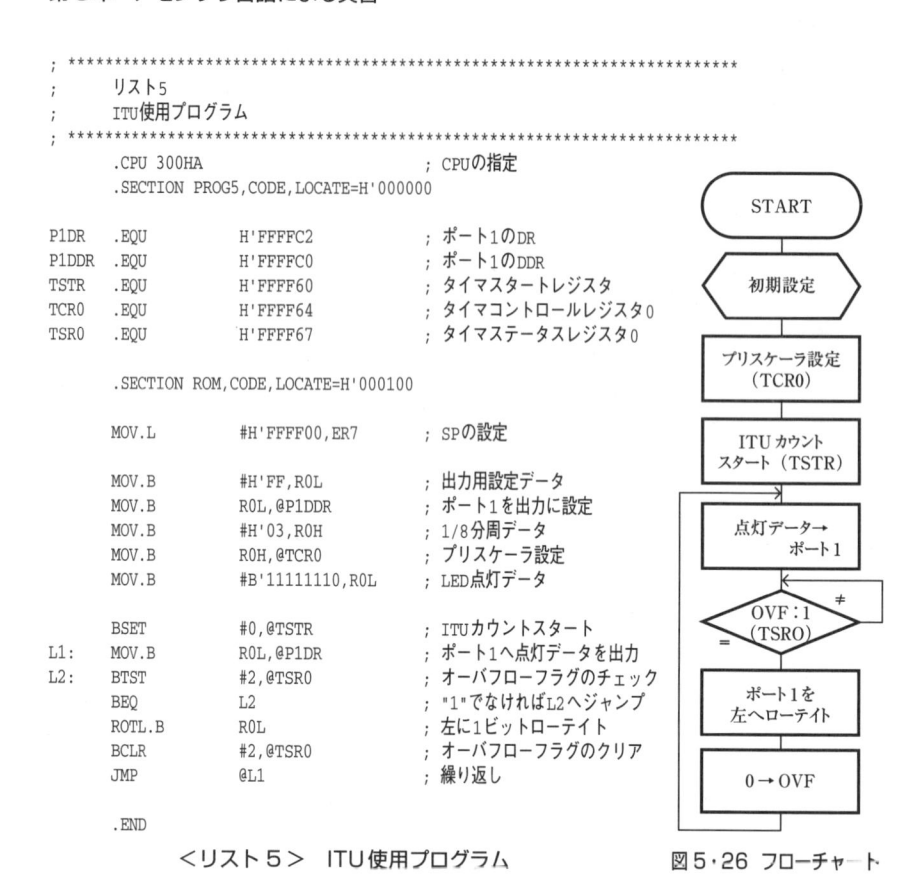

プリスケーラの分周は，タイマコントロールレジスタ0（TCR0）の下位3ビットで設定します．図5・27にTCR0の構成，表5・5に内部クロックの分周設定を示します．

表5・5 内部クロックの分周設定（TCR0）

ビット2*	ビット1	ビット0	機能
TPSC2	TPSC1	TPSC0	
0	0	0	ϕでカウント
		1	$\phi/2$でカウント
	1	0	$\phi/4$でカウント
		1	$\phi/8$でカウント

＊ビット2が"1"の場合には，外部クロックを選択します．

5・2 LEDの制御

```
         7   6     5     4     3     2     1     0
TCR0    ┌──┬─────┬─────┬─────┬─────┬─────┬─────┬─────┐
(FFFF64H)│╱ │CCLR1│CCLR0│CKEG1│CKEG0│TPSC2│TPSC1│TPSC0│
         └──┴─────┴─────┴─────┴─────┴─────┴─────┴─────┘
```

└─ プリスケーラ設定（表5・5参照）
└─ クロックエッジ設定
└─ カウンタクリア設定

図5・27　TCR0の構成

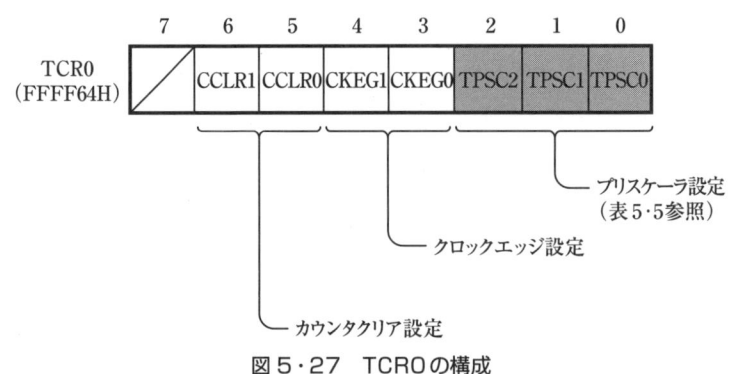

ITUのカウンタTCNT0は，タイマスタートレジスタTSTRのビット0を"1"にセットするとカウントをスタートします（図5・28）．

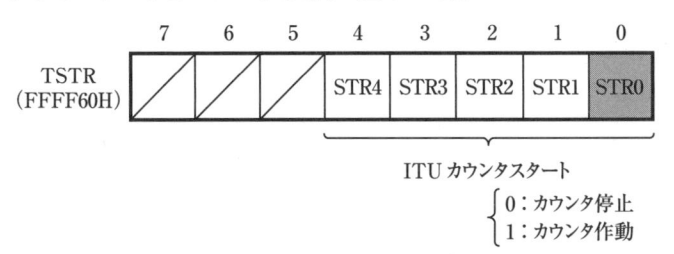

```
         7   6   5     4    3    2    1    0
TSTR    ┌──┬──┬──┬────┬────┬────┬────┬────┐
(FFFF60H)│╱ │╱ │╱ │STR4│STR3│STR2│STR1│STR0│
         └──┴──┴──┴────┴────┴────┴────┴────┘
```

└─ ITUカウンタスタート
　　{ 0：カウンタ停止
　　 1：カウンタ作動

図5・28　TSTRの構成

カウンタTCNT0は，0000Hからカウントを開始してFFFFHまでカウントすると，オーバフローして0000Hへ戻り，再びカウントを繰り返します．オーバフローした時には，タイマステータスレジスタ0（TSR0）のオーバフローフラグ（OVF）を"1"にセットします（図5・29）．

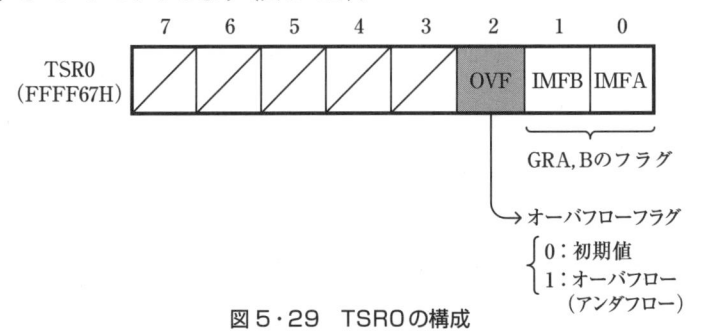

```
         7   6   5   4   3   2     1     0
TSR0    ┌──┬──┬──┬──┬──┬────┬────┬────┐
(FFFF67H)│╱ │╱ │╱ │╱ │╱ │OVF │IMFB│IMFA│
         └──┴──┴──┴──┴──┴────┴────┴────┘
```

└─ GRA, Bのフラグ
└─ オーバフローフラグ
　　{ 0：初期値
　　 1：オーバフロー（アンダフロー）

図5・29　TSR0の構成

133

第5章　アセンブラ言語による実習

　＜リスト5＞のプログラムでは，カウントをスタートした後に，オーバフローフラグ（OVF）を監視します．そして，OVFが"1"になれば，ポート1への出力データを左へ1ビットローテイトし，OVFを"0"にリセットします．つまり，カウンタには，常にカウントを続けさせておいて，オーバフローをLED点滅のきっかけ（トリガ）にしています．

　プログラムを動作させると，LEDの点灯が最下位（右）から最上位（左）に向けて，1ビット当たりおよそ32ms間点灯した後に移動します．動作を確認できたら，プリスケーラの設定を変更するなどしてみてください．

　ITUには，5チャネルのタイマがあります．32msよりも，さらに長いタイマが必要な場合には，タイマ0の出力をタイマ1でカウンタするなどの方法が考えられます．

5・3 パルスモータの制御

1 パルスモータとは

　パルスモータ（ステップモータ）は，パルス波を入力することで回転するため，マイコン制御と相性のよいモータです．高速回転や大きなトルクが必要な用途には向きませんが，与えるパルスによって正確な回転（位置決め）制御ができ，静止している時でも制動トルクが得られるなどの利点があります．図5・30にパルスモータの外観を示します．

図5・30　パルスモータの外観

　パルスモータは，図5・31に示すようにN極とS極をもつロータ（回転子）の周囲に4個の電磁石（固定子）$X Y \overline{X} \overline{Y}$を配置した構造をしています．そして，電磁石を$X \to Y \to \overline{X} \to \overline{Y}$の順で磁化していくと，ロータのS極が電磁石に引きつけられて90°ずつ回転します．

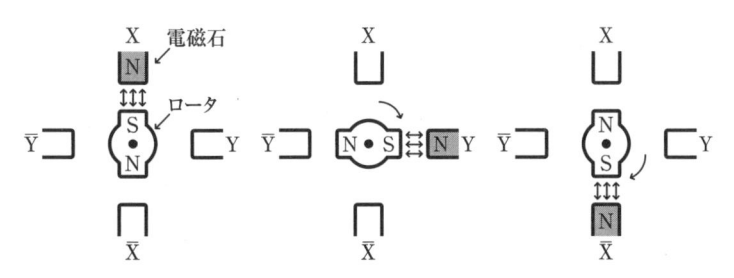

図5・31　パルスモータの動作原理

第5章 アセンブラ言語による実習

　ロータの回転角度は，電磁石の配置によって決まりますから，電磁石を磁化するパルスデータによって正確な位置決め制御を行うことができます．また，磁化する電磁石の移動を停止している時でも，電磁石とロータに働く吸引力によって制動トルクが得られます．

　図5・31は，**1相励磁**と呼ばれる方式ですが，その他に，2相励磁方式や1-2相励磁方式があります（図5・32）．

　2相励磁方式は，隣り合う2個の電磁石を動時に励磁していく方式です．1相励磁方式に比べて，2倍のトルクが得られますが，消費電力も2倍となります．

　1-2相励磁方式は，1相励磁と2相励磁を交互に行う方式です．1相励磁方式の半分のステップ角（1回の移動角度）が得られますが，消費電力は1.5倍となります．

　パルスモータは，プリンタやハードディスクなど，コンピュータの周辺機器にもよく使用されている電子部品です．

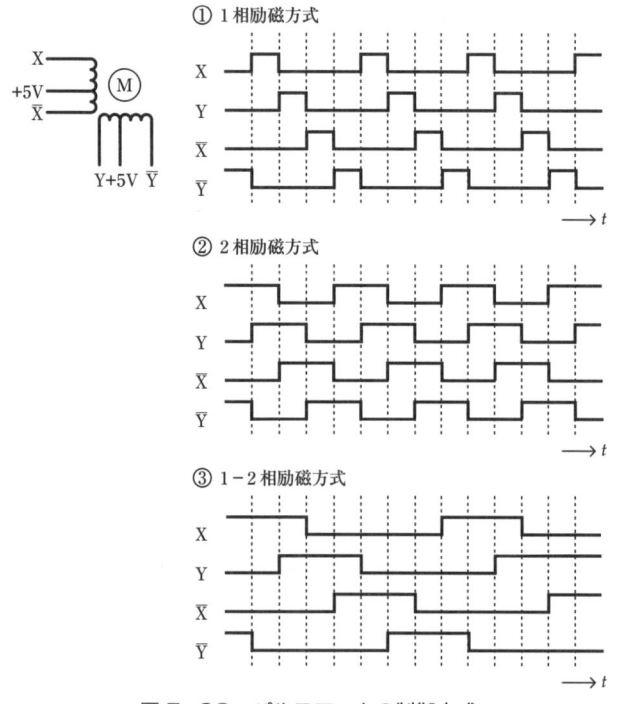

図5・32　パルスモータの制御方式

❷ パルスモータの回転制御

　DCモータと異なり，パルスモータは電源を用意して接続するだけでは回転しません．H8を使用して，パルスモータを回転させる実習を行いましょう．

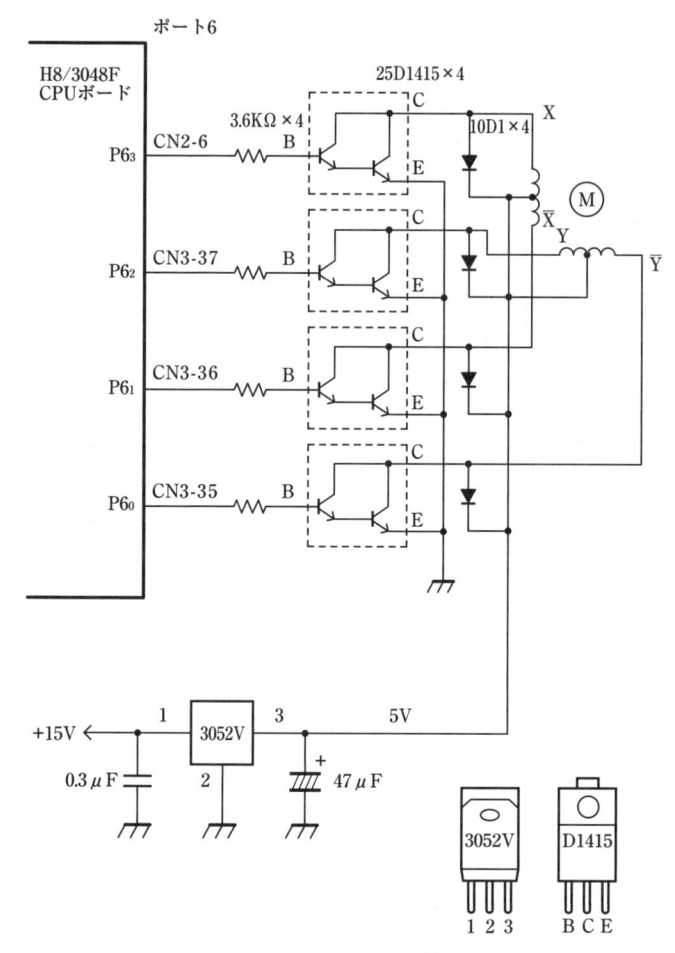

　図5・33に，パルスモータ制御回路を示します．使用したパルスモータは，ステップ角7.5°，動作電圧5V，コイル電流330mAです．ポート6の下位4ビットにドライブ回路を介して端子XY$\overline{X}\overline{Y}$を接続します．

図5・33　パルスモータ制御回路

第5章　アセンブラ言語による実習

　パルスモータに流す電流を制御するために，ダーリントン型のトランジスタ2SD1415を使用しました．端子X Y $\overline{X}$ $\overline{Y}$ に接続してあるダイオードは，コイルに発生する逆起電力を防止する働きがあります．パルスモータを駆動する電源は，H8/3048Fボードから取り出してはいけません．電流が大きいので，3端子レギュレータ(3052V)を使った回路を増設して供給します．

　図5・34に，マザーボード上に製作したパルスモータ制御回路の外観を示します．もちろん，マザーボード上はなく，他の基板上に製作してもOKです．

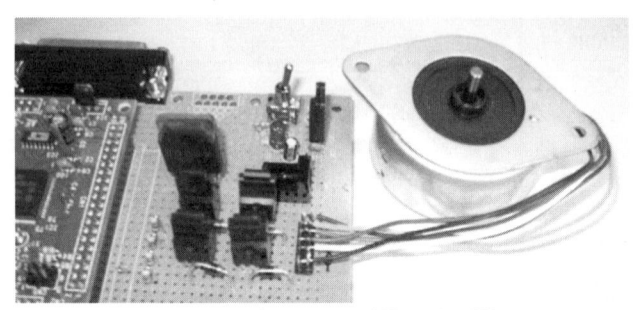

図5・34　パルスモータ制御回路の外観

● 1相励磁方式

　＜リスト6＞に1相励磁方式によるパルスモータ回転プログラム，図5・35にフローチャートを示します．

5・3 パルスモータの制御

```
;  ****************************************************************
;       リスト6
;       1相励磁回転プログラム
;  ****************************************************************
            .CPU 300HA                ; CPUの指定
            .SECTION PROG6,CODE,LOCATE=H'000000

P1DR   .EQU          H'FFFFC2         ; ポート1のDRアドレスをP1DRと設定
P1DDR  .EQU          H'FFFFC0         ; ポート1のDDRアドレスをP1DDRと設定
P6DR   .EQU          H'FFFFC9         ; ポート6のDRアドレスをP6DRと設定
P6DDR  .EQU          H'FFFFCB         ; ポート6のDDRアドレスをP6DDRと設定

            .SECTION ROM,CODE,LOCATE=H'000100

            MOV.L         #H'FFFF00,ER7    ; SPの設定

            MOV.B         #H'FF,R0L        ; 出力用設定データ
            MOV.B         R0L,@P1DDR       ; ポート1を出力に設定
            MOV.B         R0L,@P6DDR       ; ポート6を出力に設定
            MOV.B         #B'10001000,R0H  ; 回転データ
LOOP:  MOV.B         R0H,@P6DR        ; ポート6へ回転データを出力
            MOV.B         R0H,R1H
            NOT.B         R1H
            MOV.B         R1H,@P1DR        ; ポート1へ回転データを出力
            JSR           @TIM2            ; タイマサブルーチンの呼出し
            ROTR.B   R0H                   ; 右に1ビットローテイト
            JMP           @LOOP            ; 繰り返し

TIM2:  MOV.W         #D'30,E5         ; 0.3秒のタイマサブルーチン
L2:        JSR           @TIM1
            DEC.W         #1,E5
            BNE           L2
            RTS

TIM1:  MOV.L         #D'20000,ER6     ; 10ｍｓのタイマサブルーチン
L1:        DEC.L         #1,ER6
            NOP
            BNE           L1
            RTS

            .END
```

<リスト6> 1相励磁方式プログラム

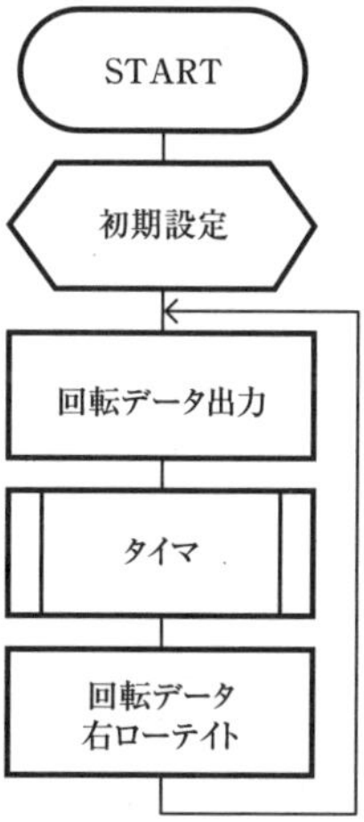

図5・35 フローチャート

第5章　アセンブラ言語による実習

ポート6の下位4ビットに接続したパルスモータに"1000"を出力し，一定時間経過した後に1ビット右にローテイトしています（図5・36）．

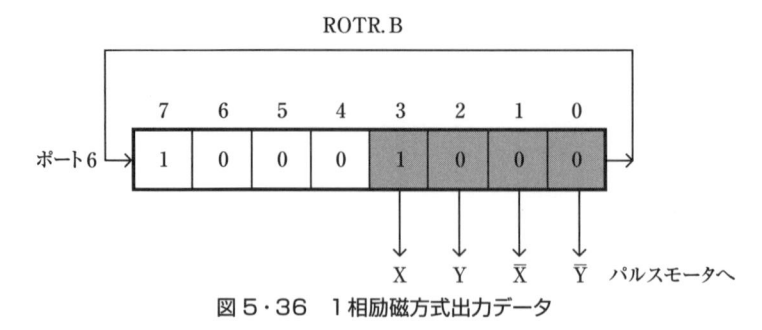

図5・36　1相励磁方式出力データ

タイマは，LEDの点滅実習で使用したものと同じです．回転データを確認するために，ポート1に接続したLEDにもデータを出力しています．

パルスモータをある程度の高速で回転させるためには，図5・37に示すように，回転の初めにスルーアップ，終わりにスルーダウンの動作時間を設けて，ロータが回転に追従できるように制御します．しかし，＜リスト6＞では，回転速度を遅く設定しているために，初めから定速動作を行っています．タイマ時間を短くして回転速度を上げていくと，ある速度からはモータが追従できなくなってきます．

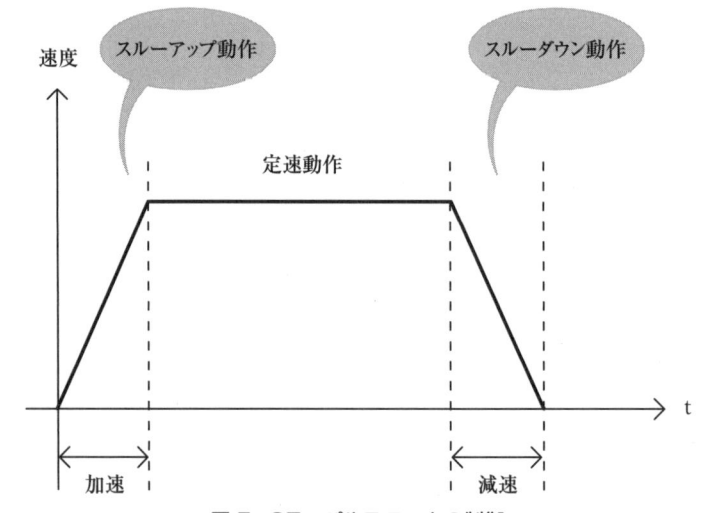

図5・37　パルスモータの制御

5・3 パルスモータの制御

● 2相励磁方式

2相励磁方式でパルスモータを回転させる場合には，回転データ"1100"をローテイトしながらモータに出力します（図5・38）．したがって，＜リスト6＞の回転データの設定部分のみを，MOV.B #B'11001100,R0H と変更するだけです．

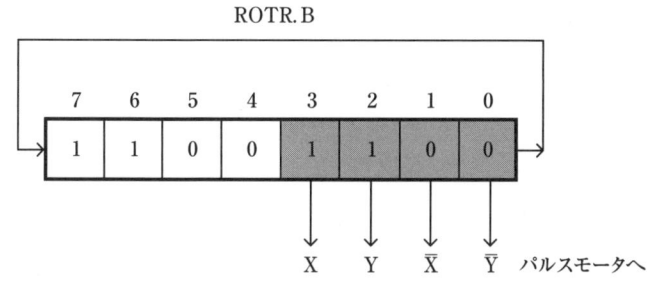

```
              ROTR.B
   ┌─────────────────────────┐
   │  7  6  5  4  3  2  1  0 │
   └→ 1  1  0  0  1  1  0  0 ┘
                  ↓  ↓  ↓  ↓
                  X  Y  X̄  Ȳ   パルスモータへ
```
図5・38　2相励磁方式出力データ

モータの回転軸を指でおさえてみると，1相励磁方式よりも強力なトルクで回転していることが確認できます．

2相励磁方式では，1相励磁方式の2倍の電流が流れますので，3端子レギュレータICは相当の熱をもちます．できれば，放熱板を取り付けるなどの対策をとるとよいでしょう．実習回路では，マザーボードの電源（15V）を利用したので，3端子レギュレータICを使用して降圧しました．別の電源を用意すれば電源回路は不要となります．

● 1-2相励磁方式

＜リスト7＞に1-2相励磁方式によるパルスモータ回転プログラム，図5・39にフローチャートを示します．

1相励磁データと2相励磁データを交互にポート6へ出力しています．＜リスト6＞と同様，ポート1のLEDにも同じ回転データを出力してデータを確認できるようにしました．

プログラムを実行してパルスモータを動作させると，1相励磁方式に比べて，ステップ角が半分になっていることが確認できるでしょうか．例えば，1回転（360°）するのに，ロータが何回動作するかを計測して比較すればよいでしょう．回転時

第5章 アセンブラ言語による実習

間は，ステップ角ではなく，タイマ時間に依存しますので注意してください．

```
;   ****************************************************************
;       リスト7
;       1-2相励磁回転プログラム
;   ****************************************************************
        .CPU     300HA                  ; CPUの指定
        .SECTION PROG7,CODE,LOCATE=H'000000

P1DR    .EQU     H'FFFFC2              ; ポート1のDRアドレスをP1DRと設定
P1DDR   .EQU     H'FFFFC0              ; ポート1のDDRアドレスをP1DDRと設定
P6DR    .EQU     H'FFFFC9              ; ポート6のDRアドレスをP6DRと設定
P6DDR   .EQU     H'FFFFCB              ; ポート6のDDRアドレスをP6DDRと設定

        .SECTION ROM,CODE,LOCATE=H'000100

        MOV.L    #H'FFFF00,ER7         ; SPの設定

        MOV.B    #H'FF,R0L             ; 出力用設定データ
        MOV.B    R0L,@P1DDR            ; ポート1を出力に設定
        MOV.B    R0L,@P6DDR            ; ポート6を出力に設定
        MOV.B    #B'10001000,R0L       ; 回転データ1
        MOV.B    #B'11001100,R0H       ; 回転データ2

LOOP:   MOV.B    R0L,@P6DR             ; ポート6へ回転データ1を出力
        MOV.B    R0L,R1H
        NOT.B    R1H
        MOV.B    R1H,@P1DR             ; ポート1へ回転データを出力
        JSR      @TIM2                 ; タイマサブルーチン呼び出し
        MOV.B    R0H,@P6DR             ; ポート6へ回転データ2を出力
        MOV.B    R0H,R1H
        NOT.B    R1H
        MOV.B    R1H,@P1DR             ; ポート1へ回転データを出力
        JSR      @TIM2                 ; タイマサブルーチン呼び出し

        ROTR.B   R0L                   ; 右に1ビットローテイト
        ROTR.B   R0H                   ; 右に1ビットローテイト
        JMP      @LOOP                 ; 繰り返し

TIM2:   MOV.W    #D'30,E5              ; 0.3秒のタイマサブルーチン
L2:     JSR      @TIM1
        DEC.W    #1,E5
        BNE      L2
        RTS

TIM1:   MOV.L    #D'20000,ER6          ; 10msのタイマサブルーチン
L1:     DEC.L    #1,ER6
        NOP
        BNE      L1
        RTS

        .END
```

<リスト7>　1-2相励磁方式プログラム

図5・39　フローチャート

5・4 DCモータの制御

❶ ドライバICによる回転方向制御

DCモータの回転方向を制御するためには，リレーや，トランジスタ，FETなどを使用する方法がありますが，市販されているDCモータドライブICを用いると便利です．図5・40に，各種のDCモータドライブICの例を示します．

図5・40　DCモータドライブIC

モータ電流の大きさや付属回路の種類によって，ドライブICを選定しますが，ここでは，入手が容易で使用方法が簡単なTA7257P（図5・40左）を使った制御実習を行いましょう．TA7257Pは，DCモータの回転を，正転，逆転，ストップ，ブレーキの4パターンで制御できるICです（表5・6）．最大電圧は18V，出力電流は平均1.5A，最大瞬時4.5Aまで流すことが可能です．

表5・6　TA7257Pの動作

入力		出力		動　作
IN1	IN2	OUT1	OUT2	
0	0	ハイインピーダンス		ストップ
0	1	L	H	正転
1	0	H	L	逆転
1	1	L	L	ブレーキ

DCモータは，ギアヘッドの付いた高トルク型を使用しましたが，各自入手しやすいものを使えばよいでしょう．

図5・41にDCモータ制御回路，図5・42に外観を示します．

マザーボードでは，ポート5（4ビット）の下位2ビットに2個のLEDが接続され

第5章　アセンブラ言語による実習

ていますが，上位2ビットは未使用なので，ここにDCモータ制御回路を接続しました．入力データは，ポート2に接続してあるDIPスイッチの下位2ビットを使用します．

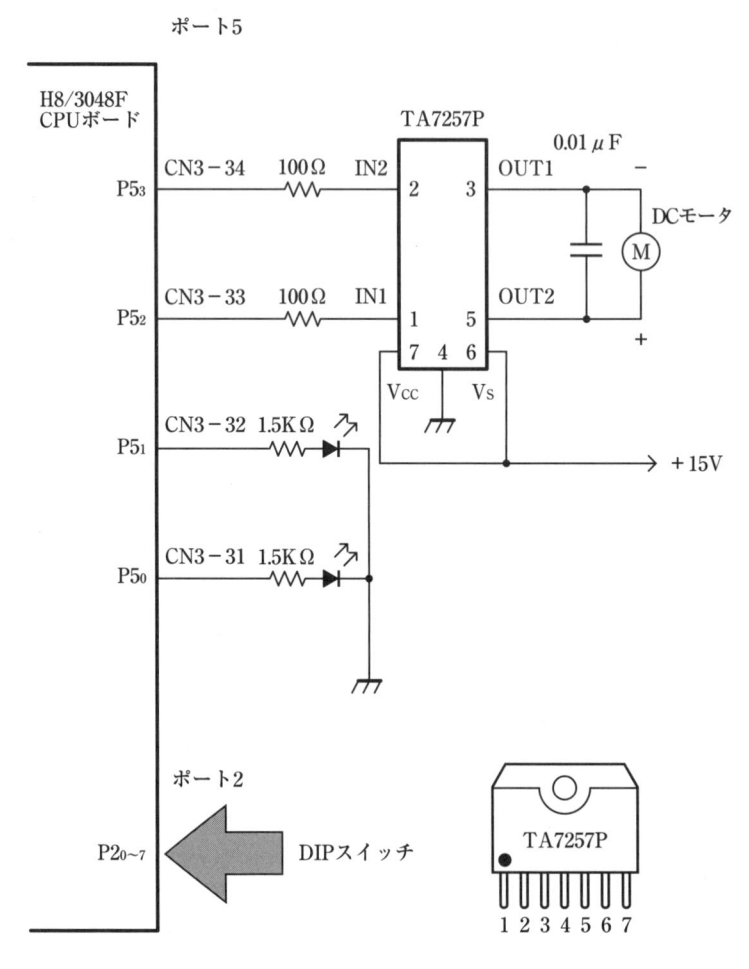

図5・41　DCモータ制御回路

5・4 DCモータの制御

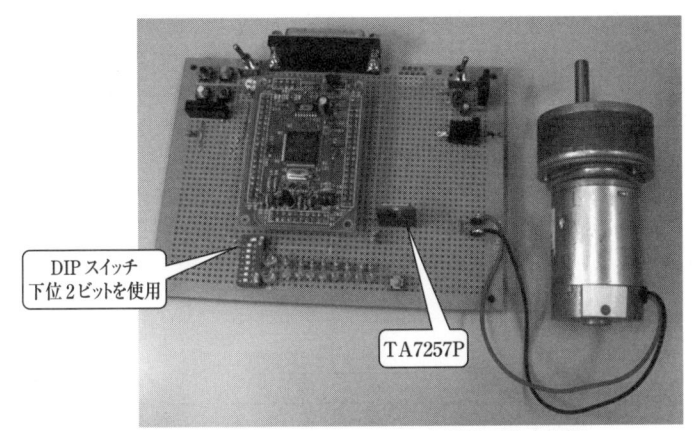

図5・42 DCモータ制御回路の外観

ポート5に接続してあるLEDは，ポートからの出力が"1"で点灯するように配線されています．90ページで説明したように，ポート5の1ピン当たりの出力電流は2mAまでなので，この回路では制御抵抗の値(1.5kΩ)を大きくとって電流値を抑えています．

TA7257Pには，逆起電力防止ダイオードが内蔵されていますので，モータにはノイズ防止用コンデンサだけを並列に接続しました．

使用したDCモータの定格は12Vなのですが，マザーボードの電源を使用したため15Vで動作させます．

＜リスト8＞にDCモータ制御プログラム，図5・43にフローチャートを示します．

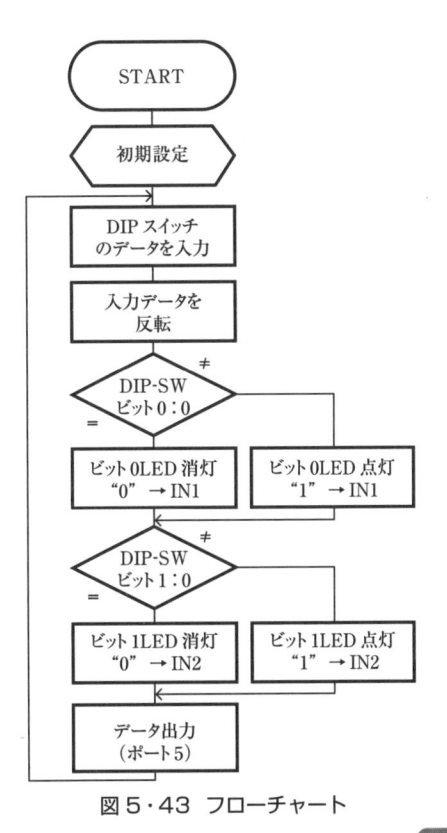

図5・43 フローチャート

第5章 アセンブラ言語による実習

```
;   ****************************************************************
;       リスト8
;       DCモータ制御プログラム
;   ****************************************************************
        .CPU    300HA                   ; CPUの指定
        .SECTION PROG8,CODE,LOCATE=H'000000

P5DR    .EQU    H'FFFFCA                ; ポート5のDRアドレスをP5DRと設定
P5DDR   .EQU    H'FFFFC8                ; ポート5のDDRアドレスをP5DDRと設定
P2DR    .EQU    H'FFFFC3                ; ポート2のDRアドレスをP2DRと設定
P2DDR   .EQU    H'FFFFC1                ; ポート2のDDRアドレスをP2DDRと設定
P2PCR   .EQU    H'FFFFD8                ; ポート2のPCRアドレスをP2PCRと設定

        .SECTION ROM,CODE,LOCATE=H'000100

        MOV.L   #H'FFFF00,ER7           ; SPの設定

        MOV.B   #H'FF,R0L               ; 出力用設定データ
        MOV.B   R0L,@P5DDR              ; ポート5を出力に設定
        MOV.B   #H'00,R0H               ; 入力用設定データ
        MOV.B   R0H,@P2DDR              ; ポート2を入力に設定
        MOV.B   R0L,@P2PCR              ; ポート2のプルアップを有効に設定

LOOP:   MOV.B   @P2DR,R0L               ; ポート2からスイッチデータを入力
        NOT.B   R0L                     ; ONで"1"とするため反転
        BTST    #0,R0L                  ; ビット0をチェック
        BEQ     L1                      ; "0"ならL1へジャンプ
        BSET    #0,R1L                  ; ビット0のLED点灯
        BSET    #2,R1L                  ; モータICの1ピンを"1"
        JMP     @B1                     ; B1へジャンプ
L1:     BCLR    #0,R1L                  ; ビット0のLED消灯
        BCLR    #2,R1L                  ; モータICの1ピンを"0"

B1:     BTST    #1,R0L                  ; ビット1をチェック
        BEQ     L2                      ; "0"ならL2へジャンプ
        BSET    #1,R1L                  ; ビット1のLED点灯
        BSET    #3,R1L                  ; モータICの2ピンを"1"
        JMP     @B2                     ; B2へジャンプ
L2:     BCLR    #1,R1L                  ; ビット1のLED消灯
        BCLR    #3,R1L                  ; モータICの2ピンを"0"

B2:     MOV.B   R1L,@P5DR               ; ポート5へ点灯,回転データを出力

        JMP     @LOOP                   ; 繰り返し
        .END
```

<リスト8> DCモータ制御プログラム

DIPスイッチの下位2ビットから入力したデータによって，DCモータが制御されます．また，入力データは，ポート5に接続してあるLEDで表示するようにしました．DCモータの回転軸に触れながら制御を行えば，ストップとブレーキの違いを体感できることでしょう．

5・4 DCモータの制御

❷ PWM機能による速度制御

ITU（インテグレーテッドタイマ）には，PWMモードの機能があります（96～97ページ参照）．ここでは，前の実習で使用したDCモータをPWMモードで速度制御してみましょう．ITUのチャネル0をPWMモードで動作させます．

図5・44にPWMモード設定の手順，表5・7に使用するITU関係のレジスタ一覧を示します．

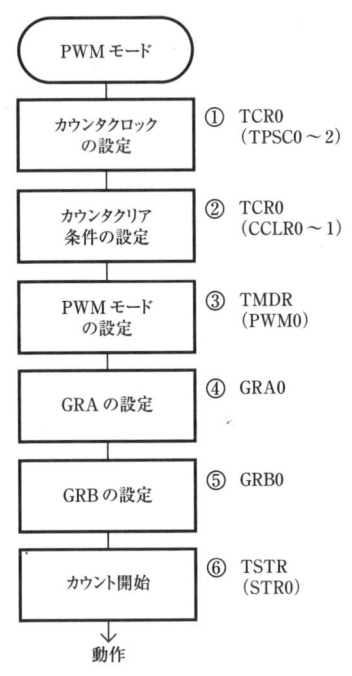

```
        ┌─────────┐
        │ PWMモード │
        └────┬────┘
             ↓
        ┌─────────┐      ① TCR0
        │カウンタクロック│       (TPSC0～2)
        │  の設定  │
        └────┬────┘
             ↓
        ┌─────────┐      ② TCR0
        │カウンタクリア │       (CCLR0～1)
        │ 条件の設定 │
        └────┬────┘
             ↓
        ┌─────────┐      ③ TMDR
        │ PWMモード │       (PWM0)
        │  の設定  │
        └────┬────┘
             ↓
        ┌─────────┐      ④ GRA0
        │ GRAの設定 │
        └────┬────┘
             ↓
        ┌─────────┐      ⑤ GRB0
        │ GRBの設定 │
        └────┬────┘
             ↓
        ┌─────────┐      ⑥ TSTR
        │ カウント開始 │       (STR0)
        └────┬────┘
             ↓
           動作
```

図5・44　PWMモード設定の手順

表5・7　使用するITU関係のレジスタ

アドレス	名　　称	記　号	初期値
FFFF60H	タイマスタートレジスタ	TSTR	E0H
FFFF62H	タイマモードレジスタ	TMDR	80H
FFFF64H	タイマコントロールレジスタ	TCR0	80H
FFFF6AH	ジェネラルレジスタA	GRA0	FFH
FFFF6CH	ジェネラルレジスタB	GRB0	FFH

＜PWMモード設定の手順＞

①カウンタクロックの設定

タイマコントロールレジスタTCR0のTPSC0～2で内部クロックの分周を設定します（図5・45）．設定方法については，132ページの表5・5を参照してください．

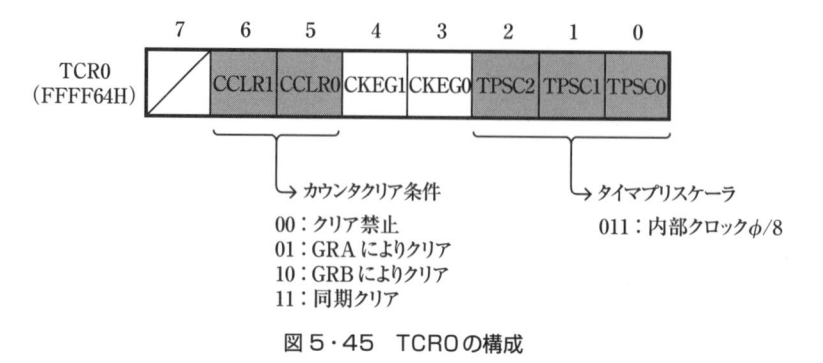

```
          7    6     5     4     3     2     1     0
TCR0    [  ][CCLR1][CCLR0][CKEG1][CKEG0][TPSC2][TPSC1][TPSC0]
(FFFF64H)
```

→カウンタクリア条件
　00：クリア禁止
　01：GRAによりクリア
　10：GRBによりクリア
　11：同期クリア

→タイマプリスケーラ
　011：内部クロックφ/8

図5・45　TCR0の構成

②カウンタクリア条件の設定

タイマコントロールレジスタTCR0のCCLR0～1でカウンタクリアの条件を設定します（図5・45）．図5・46に，GRAとGRBのそれぞれによってカウンタをクリアしたときの動作例を示します．

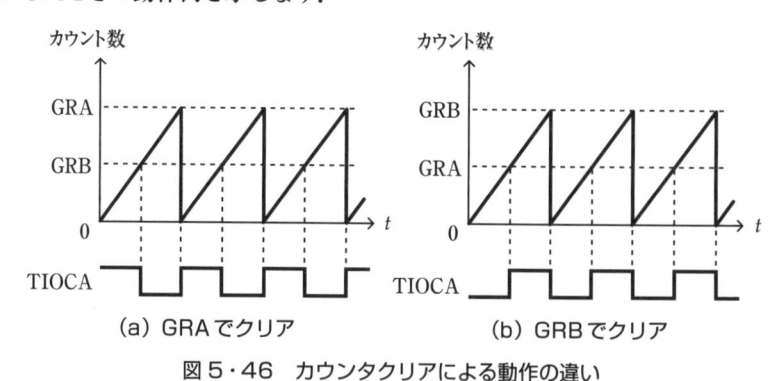

(a) GRAでクリア　　　(b) GRBでクリア

図5・46　カウンタクリアによる動作の違い

③PWMモードの設定

タイマモードレジスタTMDRでPWMモードを有効に設定します（図5・47）．

5・4　DCモータの制御

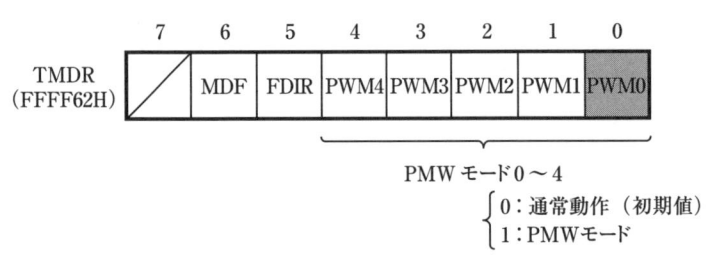

```
           7    6    5    4    3    2    1    0
TMDR      ┌──┬────┬────┬────┬────┬────┬────┬────┐
(FFFF62H) │／│MDF │FDIR│PWM4│PWM3│PWM2│PWM1│PWM0│
          └──┴────┴────┴────┴────┴────┴────┴────┘
                          └──────────┬──────────┘
                             PMWモード0〜4
                             ｛0：通常動作（初期値）
                              1：PMWモード
```

図5・47　TMDRの構成

④GRAの設定

ジェネラルレジスタGRA（チャネル0用はGRA0）に，PWM波形が"1"に立ち上がるタイミングを設定します．

⑤GRBの設定

ジェネラルレジスタGRB（チャネル0用はGRB0）に，PWM波形が"0"に立ち下がるタイミングを設定します．

⑥カウント開始

タイマスタートレジスタTSTRの，STR0ビットを"1"にセットしてカウント動作を開始します（図5・48）．

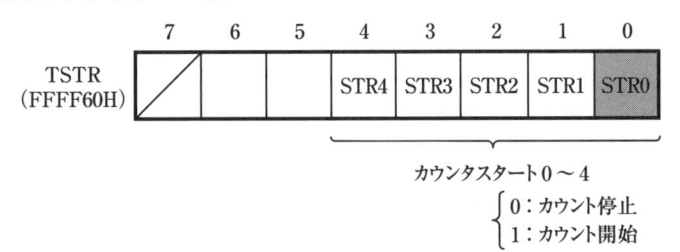

```
           7    6    5    4    3    2    1    0
TSTR      ┌──┬────┬────┬────┬────┬────┬────┬────┐
(FFFF60H) │／│    │    │STR4│STR3│STR2│STR1│STR0│
          └──┴────┴────┴────┴────┴────┴────┴────┘
                          └──────────┬──────────┘
                             カウンタスタート0〜4
                             ｛0：カウント停止
                              1：カウント開始
```

図5・48　TSTRの構成

例えば，GRA0でカウンタをクリアして，デューティ比20%のPWM波形を発生する場合を考えましょう．出力周波数を10kHz（周期10^{-4}s），カウンタの1クロック0.0625μs，分周1/8とすると，GRA0には$10^{-4}\text{s} \div (0.0625\mu\text{s} \times 8) = 200 = $C8H設定し，GRB0にはC8H×20%=28Hを設定します（図5・49）．

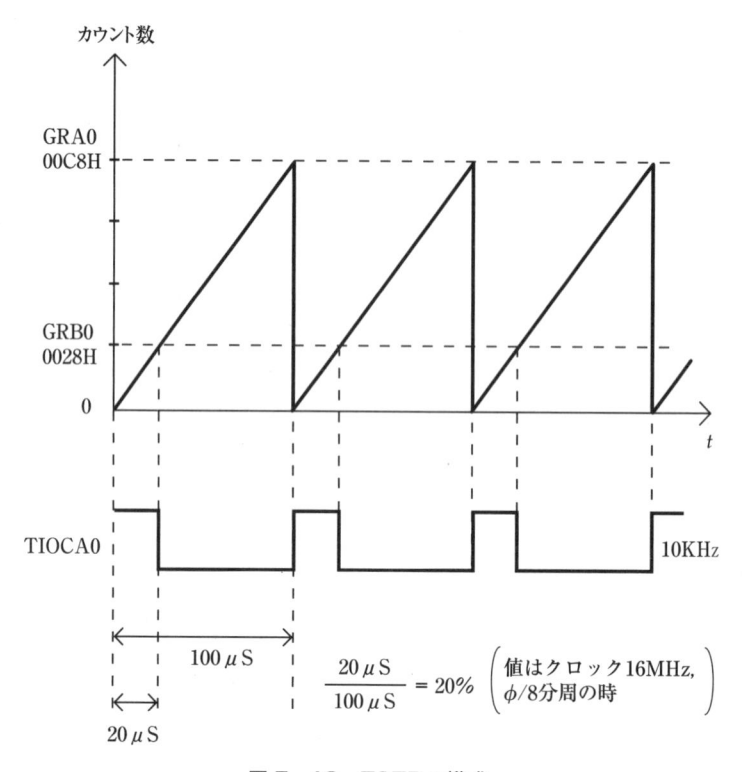

第5章　アセンブラ言語による実習

図5・49　TSTRの構成

$$\frac{20\mu S}{100\mu S} = 20\% \quad \left(\begin{array}{l} 値はクロック16MHz, \\ \phi/8分周の時 \end{array} \right)$$

　同様の考え方で，出力周波数10kHzで50%のデューティ比を得るためにはGRA0=00C8H，GRB0=0064H（00C8H÷2）と設定します．また，GRA0≦GRB0とするとデューティ比は100%となります．
　＜リスト9＞にデューティ比20%のPWM波形を発生するプログラム，図5・50にフローチャートを示します．
　チャネル0のPWM出力端子TIOCA0は，ポートAのビット2（CN1-10ピン）と共用になっています．＜リスト9＞のプログラムを動作させて，オシロスコープでTIOCA0端子を測定すれば，図5・51のような波形が観測できます．

5・4 DCモータの制御

```
;   ************************************************************
;       リスト9
;       PWMプログラム1
;   ************************************************************
        .CPU    300HA                   ; CPUの指定
        .SECTION PROG9,CODE,LOCATE=H'000000

TSTR    .EQU    H'FFFF60                ; タイマスタートレジスタ
TMDR    .EQU    H'FFFF62                ; タイマモードレジスタ
TCR0    .EQU    H'FFFF64                ; タイマコントロールレジスタ0
GRA0    .EQU    H'FFFF6A                ; ジェネラルレジスタGRA0
GRB0    .EQU    H'FFFF6C                ; ジェネラルレジスタGRB0

        .SECTION ROM,CODE,LOCATE=H'000100

        MOV.L   #H'FFFF00,ER7           ; SPの設定

        MOV.B   #B'00100011,R0H         ; カウンタクリア，1/8分周データ
        MOV.B   R0H,@TCR0               ; カウンタクリア，プリスケーラ設定
        BSET    #0,@TMDR                ; PWMモード設定

        MOV.W   #H'00C8,E1              ; GRA0用データ
        MOV.W   E1,@GRA0                ; GRA0設定
        MOV.W   #H'0028,E1              ; GRB0用データ
        MOV.W   E1,@GRB0                ; GRB0設定

        BSET    #0,@TSTR                ; ITUカウンタスタート
LOOP:   JMP     @LOOP                   ; 繰り返し

        .END
```

<リスト9>　PWMプログラム1

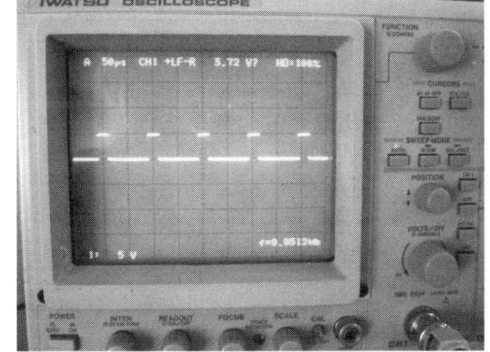

図5・51　波形の観測

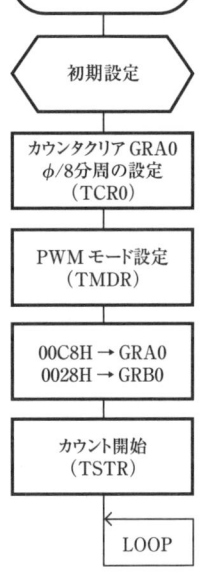

図5・50　フローチャート

次に，PWM波形の出力端子TIOCA0をDCモータへ接続して実習を行いましょう．図5・52に，DCモータPWM制御回路を示します．

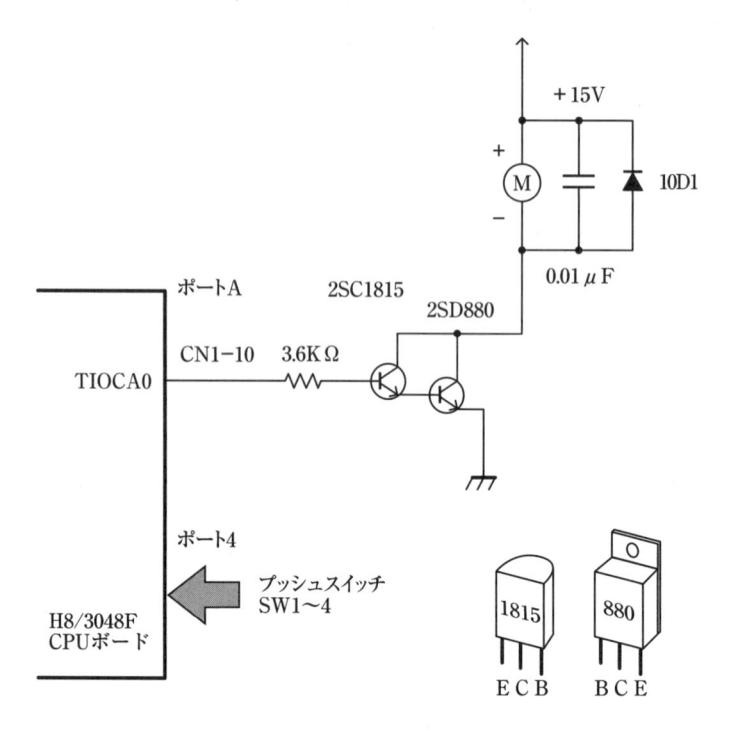

図5・52　DCモータPWM制御回路

マザーボードのポート4には，上位4ビットに4個のプッシュスイッチが接続されています．このうち，SW1（$P4_4$）を使用して，SW1を押している間はデューティ比20%で，離すとデューティ比100%でDCモータが回転するプログラムを作成しましょう．

＜リスト10＞にプログラム，図5・53にフローチャートを示します．

5・4 DCモータの制御

```
;   ********************************************************************
;       リスト10
;       PWMプログラム2
;   ********************************************************************
        .CPU    300HA                           ; CPUの指定
        .SECTION  PROG10,CODE,LOCATE=H'000000

TSTR    .EQU            H'FFFF60                ; タイマスタートレジスタ
TMDR    .EQU            H'FFFF62                ; タイマモードレジスタ
TCR0    .EQU            H'FFFF64                ; タイマコントロールレジスタ0
GRA0    .EQU            H'FFFF6A                ; ジェネラルレジスタGRA0
GRB0    .EQU            H'FFFF6C                ; ジェネラルレジスタGRB0
P4DDR   .EQU            H'FFFFC5                ; ポート4のDDRアドレスをP4DDRと設定
P4DR    .EQU            H'FFFFC7                ; ポート4のDRアドレスをP4DRと設定
P4PCR   .EQU            H'FFFFDA                ; ポート4のPCRアドレスをP4PCRと設定

        .SECTION  ROM,CODE,LOCATE=H'000100

        MOV.L           #H'FFFF00,ER7           ; SPの設定

        MOV.B           #H'00,R0L               ; 入力用設定データ
        MOV.B           R0L,@P4DDR              ; ポート4を入力用に設定
        MOV.B           #H'FF,R0H               ; プルアップ用設定データ
        MOV.B           R0H,@P4PCR              ; ポート4のプルアップを有効に設定

        MOV.B           #B'00100011,R0H         ; カウンタクリア，1/8分周データ
        MOV.B           R0H,@TCR0               ; カウンタクリア，プリスケーラ設定
        BSET            #0,@TMDR                ; PWMモード設定

        MOV.W           #H'00C8,E1              ; GRA0用データ
        MOV.W           E1,@GRA0                ; GRA0設定

LOOP:   BTST            #4,@P4DR                ; ポート4のSWをチェック
        BEQ             D20                     ; SWがONならD20へジャンプ
        MOV.W           #H'00C8,E1              ; GRB0用データ（デューティ比100%）
        MOV.W           E1,@GRB0                ; GRB0設定
        JMP             @D100                   ; D100へジャンプ

D20:    MOV.W           #H'0028,E1              ; GRB0用データ（デューティ比20%）
        MOV.W           E1,@GRB0                ; GRB0設定

D100:   BSET            #0,@TSTR                ; ITUカウンタスタート

        JMP             @LOOP                   ; 繰り返し

        .END
```

<リスト10> PWMプログラム2

第5章　アセンブラ言語による実習

　プログラムを実行すると，DCモータはデューティ比100％で高速回転します．そして，SW1を押している間はデューティ比20％で減速回転します．＜リスト10＞では，PWM波形の周波数は10kHzにしましたが，あまり周波数を低くするとモータがガタついたり発信音が聞こえることがあります．出力周波数やデューティ比を変化させて実習を行ってください．

　DCモータの回転方向とPWMによる速度制御を併用したい場合には，PWM入力端子付きのドライブICを使用するとよいでしょう．例えば，東芝のTB6549Fは，平均電流2.0Aを流せるPWM端子付きのICです（図5・54）．

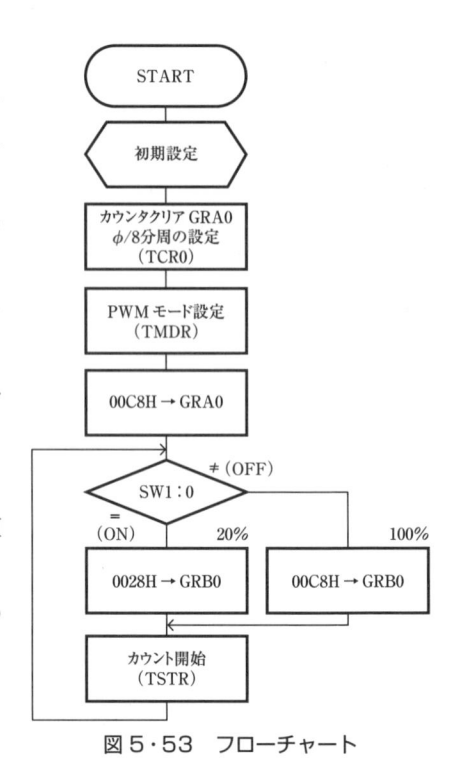

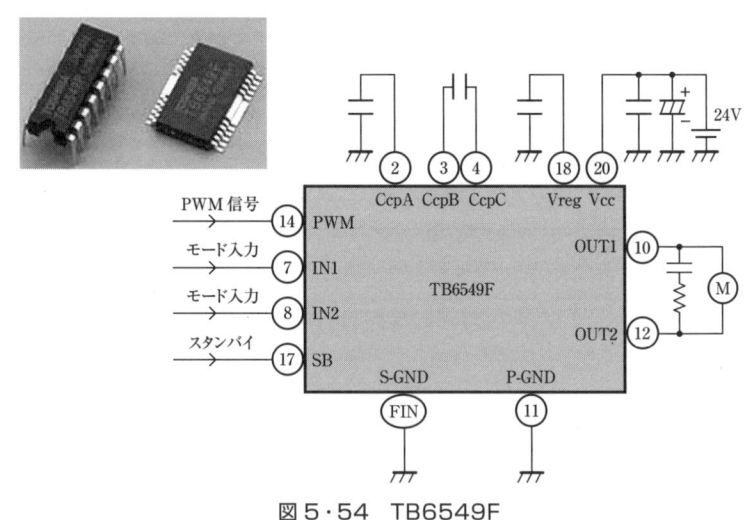

図5・53　フローチャート

図5・54　TB6549F

5・5　A-D, D-Aコンバータの制御

🔢1 A-Dコンバータ

　A-Dコンバータについては，100ページで学びました．ここでは，アナログの直流電圧をディジタルデータに変換する実習を行いましょう．

　AN0端子（CN2-12）に入力した0～5Vの直流電圧をディジタル変換して，ポート1のLEDを使ってディジタル表示します．A-Dコンバータは，チャネル0を単一モードで使用することにします．

　図5・55に，A-Dコンバータ実習回路を示します．

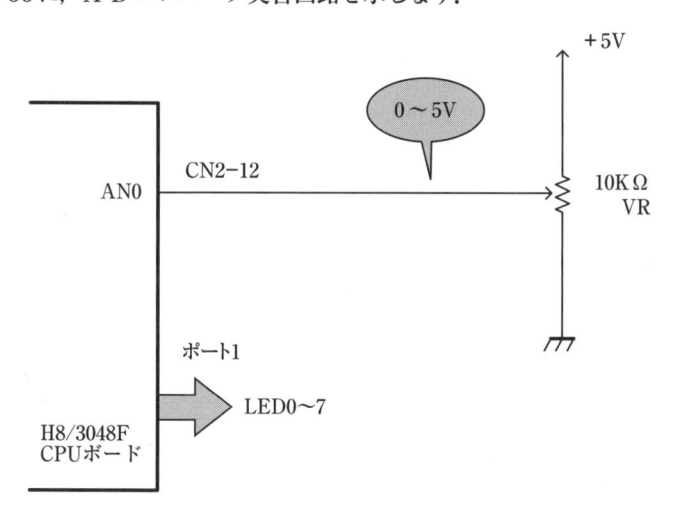

図5・55　A-Dコンバータ実習回路

　A-D変換を開始するには，A-Dコントロール／ステータスレジスタADCSRのビット5（ADST）を"1"にセットします．変換結果は，16ビットのA-DデータレジスタADDRAの上位10ビットに格納され，変換の終了はADCSRのビット7（ADF）が"1"になることで検出できます（図5・56）．

第5章　アセンブラ言語による実習

```
             7    6    5    4    3    2    1    0
  ADCSR    ┌────┬────┬────┬────┬────┬────┬────┬────┐
(FFFFE8H)  │ADF │ADIE│ADST│SCAN│CKS │CH2 │CH1 │CH0 │
           └────┴────┴────┴────┴────┴────┴────┴────┘
```

A－Dスタート ┨ 0：停止
　　　　　　　 1：開始

A－Dエンドフラグ ┨ 0：初期値
　　　　　　　　　 1：変換終了

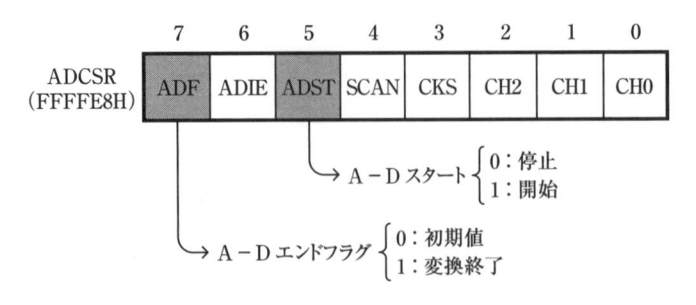

図5・56　ADCSRの構成

　＜リスト11＞にA-Dコンバータの実習プログラム，図5・57にフローチャートを示します．プログラムでは，変換結果の上位8ビットをLEDで表示するようにしましたが，下位2ビットには誤差が多く含まれるので，実用上は下位2ビットを"00"と考えても問題はありません．

　プログラムは，一度A-D変換を終えるとループで待機状態になりますので，リセットスイッチを押すと，再びアナログデータを入力してA-D変換を行います．

　A-Dコンバータの分解能は10ビットなので，0～5Vの電圧を入力した場合には，$5 \div 2^{10} \fallingdotseq 4.88\mathrm{mV}$から，アナログ電圧がおよそ4.88mV変化するごとに，ディジタルデータは"1"だけ変化します．図5・58は，実習回路のアナログ入力電圧をテスタで計測している様子です．

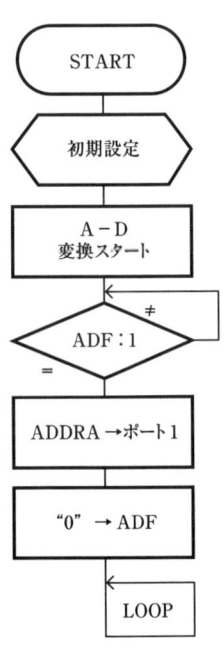

図5・57　フローチャート

5・5 A-D, D-Aコンバータの制御

```
;   ************************************************************
;           リスト11
;           A-Dコンバータプログラム
;   ************************************************************
        .CPU    300HA                   ; CPUの指定
        .SECTION PROG11,CODE,LOCATE=H'000000

ADCSR   .EQU    H'FFFFE8                ; ADコントロールレジスタ
ADDRA   .EQU    H'FFFFE0                ; ADデータレジスタ
P1DDR   .EQU    H'FFFFC0                ; ポート1のDDRアドレス設定
P1DR    .EQU    H'FFFFC2                ; ポート1のDRアドレス設定

        .SECTION ROM,CODE,LOCATE=H'000100

        MOV.L   #H'FFFF00,ER7           ; SPの設定

        MOV.B   #H'FF,R0L               ; 出力用設定データ
        MOV.B   R0L,@P1DDR              ; ポート1を出力に設定

        MOV.B   #H'00,R0H               ; 単一モード, AN0
        MOV.B   R0H,@ADCSR              ; ADCSR設定
        BSET    #5,@ADCSR               ; 変換スタート
L1:     BTST    #7,@ADCSR               ; 変換終了チェック
        BEQ     L1
        MOV.B   @ADDRA,R1L              ; 変換結果の取り出し
        NOT.B   R1L                     ; "1"で点灯するように反転
        MOV.B   R1L,@P1DR               ; 変換結果の出力
        BCLR    #7,@ADCSR               ; ADエンドフラグのリセット

LOOP:   JMP     @LOOP                   ; 繰り返し
        .END
```

<リスト11>　A-Dコンバータプログラム

図5・58の例では，LEDは，"01000101"を表示しています．これに，"00"とみなした下位2ビットを追加して，0100010100がA-D変換されたディジタルデータです．0100010100Bを10進数に変換すると，276となりますから，276×4.88mV ≒ 1.35Vです．一方，アナログの入力電圧を計測しているテスタは，1.3Vを示しています．誤差の原因は，テスタの読取り誤差などが考えられますが，A-Dコンバータは正常に動作していることが確認できました．

第5章　アセンブラ言語による実習

アナログ入力電圧
1.3V

リセットSW

変換結果
01000101

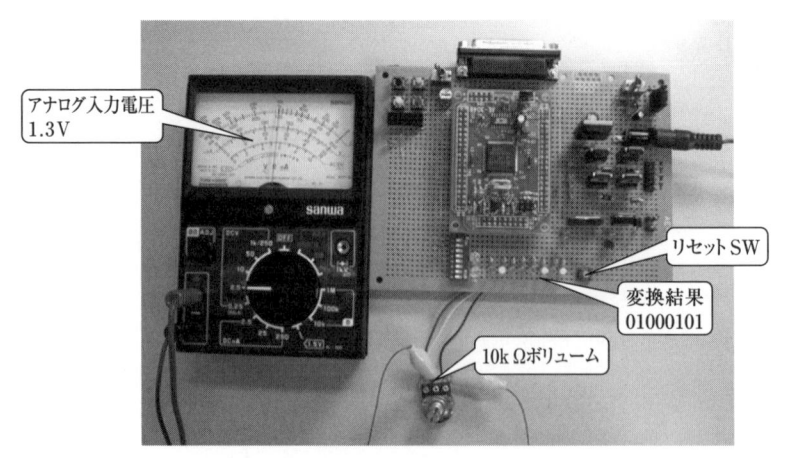

10kΩボリューム

図5・58　A-Dコンバータ実習の様子

　A-Dコンバータの動作を理解するために，シンプルな実習を行いましたが，例えば，光センサや温度センサからのアナログデータをA-D変換し，その結果を7セグメントLEDで表示すれば，照度計や温度計を製作することができます．
　各自で，A-Dコンバータの応用を考えて実習してください．

2 D-A コンバータ

　D-Aコンバータは，ディジタルデータをアナログデータに変換する装置です．前に実習したA-Dコンバータとは変換方向が逆の機能になります．D-Aコンバータの基本的な使用法を実習しましょう．
　H8/3048Fに搭載されているD-Aコンバータは，8ビットの分解能を持っています．したがって，0～5Vのアナログデータを出力する場合には，$5 \div 2^8 ≒ 19.5$mVの分解能となります．
　変換するディジタルデータをD-AデータレジスタDADR0に格納した後，D-AコントロールレジスタDACRで変換の開始を許可すれば，D-A変換がスタートします（図5・59）．変換後のデータは，ポート7のアナログ出力端子DA0から出力されます（105ページ参照）．

5・5 A-D, D-A コンバータの制御

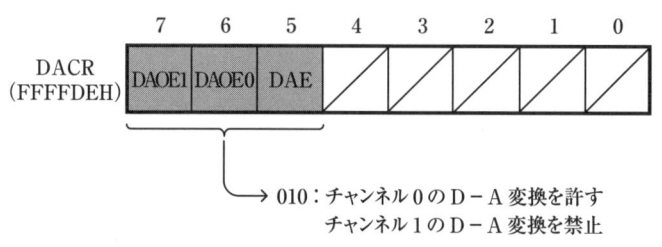

```
          7     6     5     4   3   2   1   0
DACR    ┌─────┬─────┬────┬───┬───┬───┬───┬───┐
(FFFFDEH)│DAOE1│DAOE0│ DAE│///│///│///│///│///│
        └─────┴─────┴────┴───┴───┴───┴───┴───┘
```

→ 010：チャンネル0のD－A変換を許す
　　　チャンネル1のD－A変換を禁止

図5・59　DACRの構成

ポート2に接続されている，8ビットのDIPスイッチの設定をディジタルデータとして入力し，D-A変換を行うプログラムを作成します．D-A変換後のアナログデータは，テスタで測定します．図5・60に，実習回路を示します．

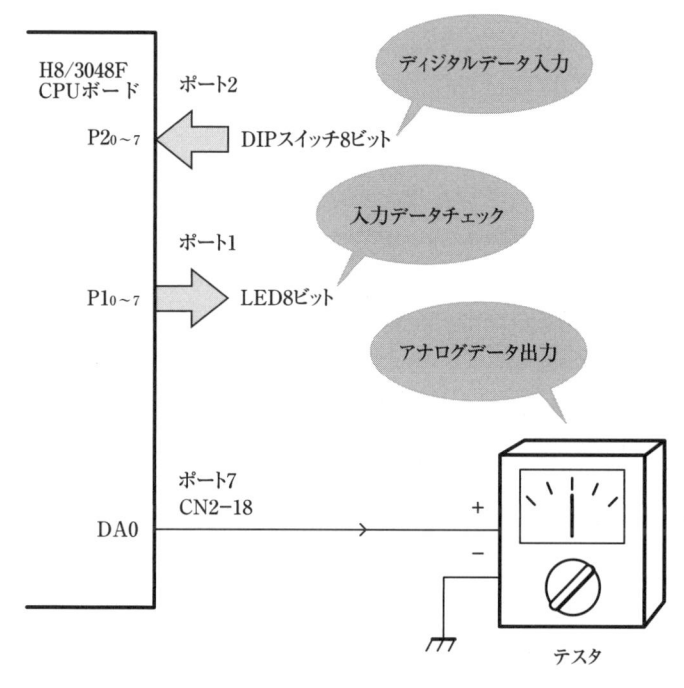

図5・60　D-Aコンバータ実習回路

第5章 アセンブラ言語による実習

＜リスト12＞にプログラム，図5・61にフローチャートを示します．DIPスイッチの値は，ポート1のLEDで表示するようにしました．D-Aコンバータは，チャネル0のみを使用しています．

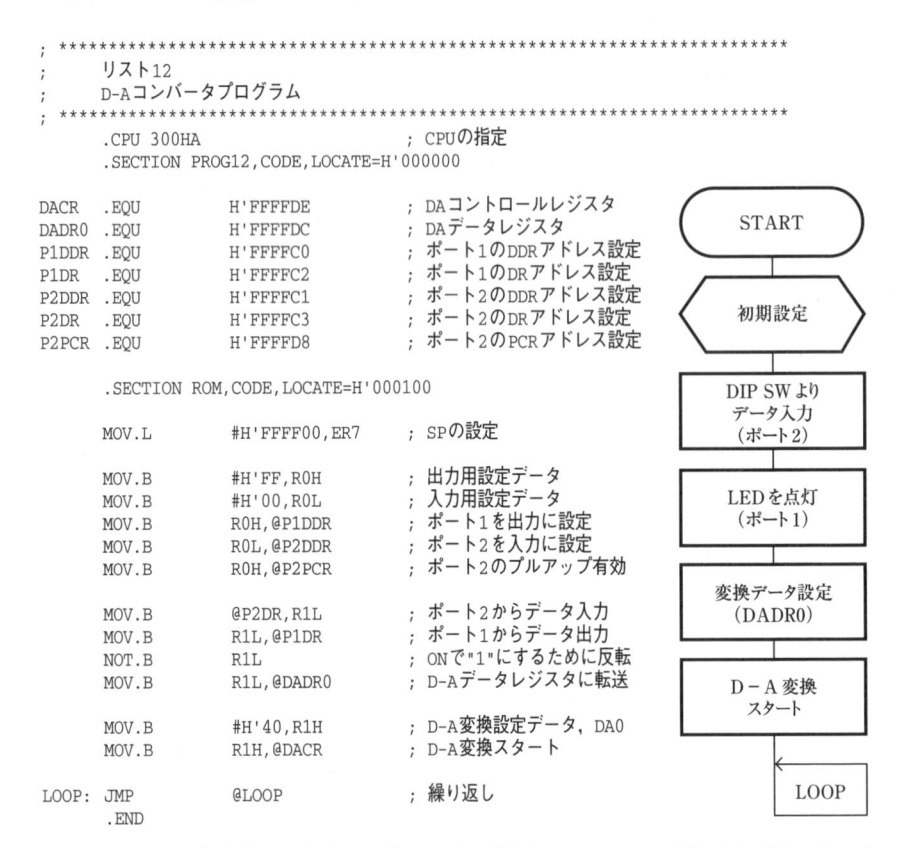

```
;****************************************************************************
;       リスト12
;       D-Aコンバータプログラム
;****************************************************************************
        .CPU  300HA                 ; CPUの指定
        .SECTION PROG12,CODE,LOCATE=H'000000

DACR   .EQU       H'FFFFDE          ; DAコントロールレジスタ
DADR0  .EQU       H'FFFFDC          ; DAデータレジスタ
P1DDR  .EQU       H'FFFFC0          ; ポート1のDDRアドレス設定
P1DR   .EQU       H'FFFFC2          ; ポート1のDRアドレス設定
P2DDR  .EQU       H'FFFFC1          ; ポート2のDDRアドレス設定
P2DR   .EQU       H'FFFFC3          ; ポート2のDRアドレス設定
P2PCR  .EQU       H'FFFFD8          ; ポート2のPCRアドレス設定

        .SECTION ROM,CODE,LOCATE=H'000100

        MOV.L     #H'FFFF00,ER7     ; SPの設定

        MOV.B     #H'FF,R0H         ; 出力用設定データ
        MOV.B     #H'00,R0L         ; 入力用設定データ
        MOV.B     R0H,@P1DDR        ; ポート1を出力に設定
        MOV.B     R0L,@P2DDR        ; ポート2を入力に設定
        MOV.B     R0H,@P2PCR        ; ポート2のプルアップ有効

        MOV.B     @P2DR,R1L         ; ポート2からデータ入力
        MOV.B     R1L,@P1DR         ; ポート1からデータ出力
        NOT.B     R1L               ; ONで"1"にするために反転
        MOV.B     R1L,@DADR0        ; D-Aデータレジスタに転送

        MOV.B     #H'40,R1H         ; D-A変換設定データ，DA0
        MOV.B     R1H,@DACR         ; D-A変換スタート

LOOP:   JMP       @LOOP             ; 繰り返し
        .END
```

＜リスト12＞ D-Aコンバータプログラム　　　　図5・61 フローチャート

DIPスイッチを"10100110"と設定してプログラムを実行スイッチした場合，DA0端子に接続したテスタは3.2Vを指示しました（図5・62）．計算を行うと，10100110B=166より，$166 \times 19.5\text{mV}$（分解能$5\text{V} \div 2^8$）≒3.23Vとなり，実習結果と一致しました．

5・5 A-D，D-A コンバータの制御

図5・62 D-Aコンバータ実習の様子
（テスタは，DC 10Vレンジ使用）

5.6 割込み制御

❶ IRQ端子を使った割込み

例えば，あなたが居間でテレビを見ながら友人が来るのを待っているとします．友人が来るのを少しでも早く確認するためには，何度も玄関まで行ってみる必要があります．その間は，テレビを見ることができません．しかし，友人が来た時にチャイムを鳴らしてくれることになっていれば，あなたは居間でテレビに集中することができます．チャイムが鳴った時に，玄関まで迎えに出ればよいのです．

マイコン制御でも同じような状況が考えられます．もし，プッシュスイッチが押されたら何かの処理を行う，というプログラムでは，スイッチの状態を何度もチェックしていたのでは，システムにかかる負担が大きくなってしまいます．

したがって，先ほどのチャイムと同様の働きをする割込み信号を使用して，スイッチの読込みを行います．これが，割込み制御の考え方です（82～86ページ参照）．H8/3048Fでは，IRQ端子かNMI端子のどちらを使うかによって2種類の割込み制御が使えます．はじめに，IRQ端子を使った割込みから実習しましょう．

H8/3048Fには，IRQ端子が6本あります．つまり，6種類の割込み信号を処理できるのです．ここでは，IRQ0（CN1-3）端子を使う割込みを行います．

割込みを行うためには，コンディションコードレジスタCCR（60ページ参照）の割込みマスクビットIを"0"にリセットし，さらにIRQイネーブルレジスタIERのIRQ0Eを"1"にセットします．そして，IRQ0端子に"0"を入力すると割込みプログラムがかかります．このとき入力する割込み信号のエッジは，IQRセンスコントロールレジスタISCRで設定しておきます（84ページ参照）．

割込みがかかると，システムはPC（プログラムカウンタ）とCCRの値をスタックに待避して，割込みベクタアドレス000030H番地（IRQ0端子を使った場合）に書かれているアドレスへジャンプします（図5・63）．

5・6 割込み制御

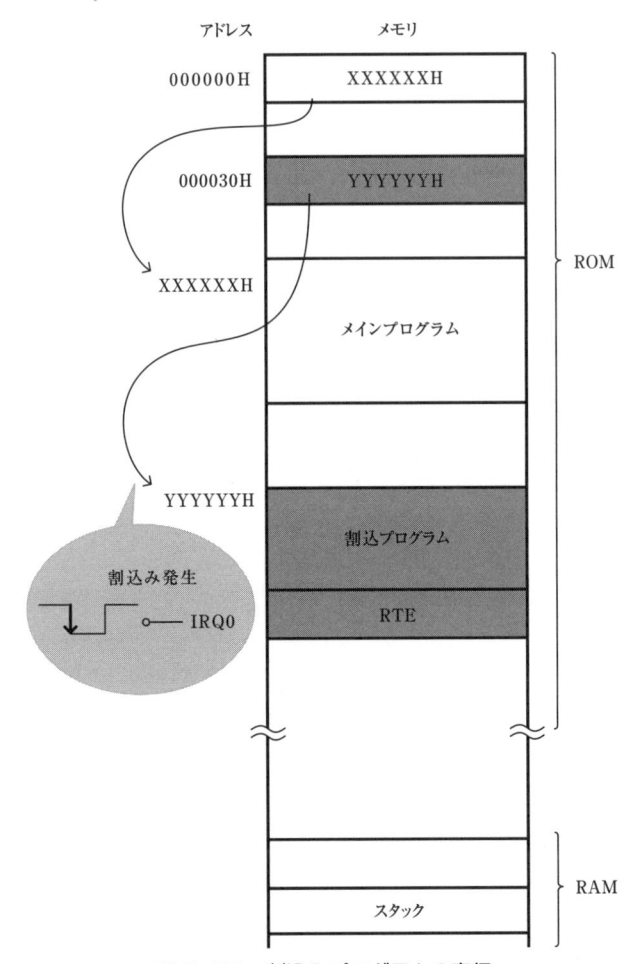

図5・63 割込みプログラムの実行

したがって，割込み制御を行う場合には，メインプログラムを割込みベクタアドレスを避けた場所に格納しなければなりません．割込みプログラムは，RTE命令によって，PCとCCRの値を回復して元のプログラムに戻ります．

図5・64に割込み制御の実習を行うための回路，図5・65に外観を示します．IRQ0端子に入力する割込み信号の発生には，チャタリング（48ページ参照）を防止するためにシュミットトリガゲート（74LS19）を使っています．

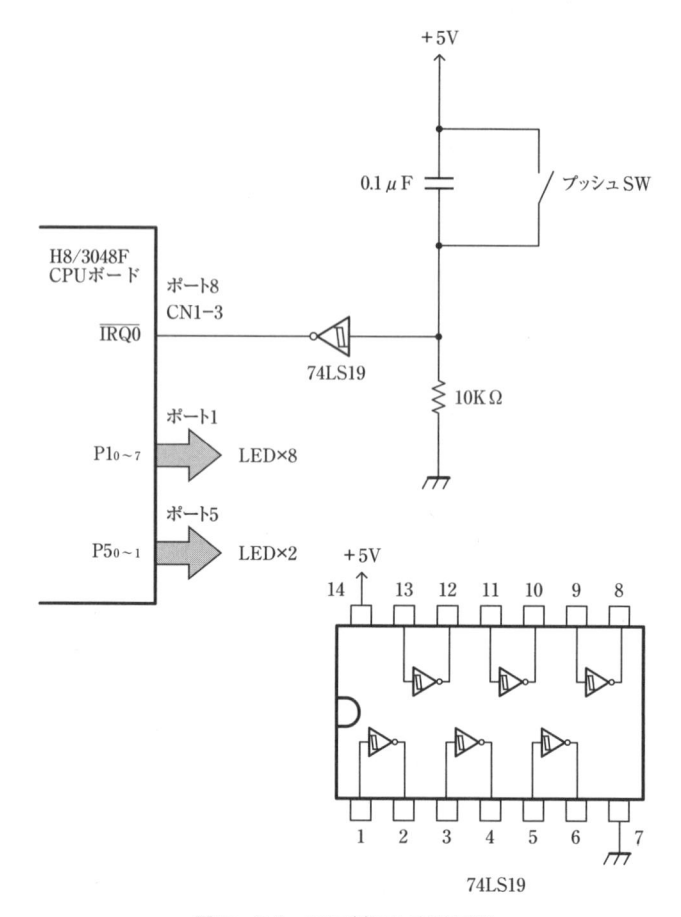

第5章　アセンブラ言語による実習

図5・64　IRQ割込み実習回路

図5・65　外観

5・6 割込み制御

点灯するLEDが移動していくプログラム＜リスト4＞をメインプログラムとして使いましょう．そして，割込みがかかると，移動していたLEDの点灯を停止して，割込みプログラムを実行します．割込みプログラムは，ポート5のLED2個を3回点滅するものとします．割込みプログラムが終われば，停止していたメインプログラムを再開します．

＜リスト13＞にプログラム，図5・66にフローチャートを示します．

```
;   ************************************************************************
;       リスト13
;       IRQ割込みプログラム
;   ************************************************************************
        .CPU    300HA                           ; CPUの指定
        .SECTION PROG13,CODE,LOCATE=H'000000

        .DATA.L MAIN                            ; メインプログラムは，000000H番地から
        .ORG            H'000030                ; IRQ0の割込みベクタアドレス
        .DATA.L IRQ0                            ; 割込みプログラムの開始アドレス

ISCR    .EQU            H'FFFFF4                ; IRQセンスコントロールレジスタ
IER     .EQU            H'FFFFF5                ; IRQイネーブルレジスタ
P1DR    .EQU            H'FFFFC2                ; ポート1のDRアドレス
P1DDR   .EQU            H'FFFFC0                ; ポート1のDDRアドレス
P5DR    .EQU            H'FFFFC8                ; ポート5のDRアドレス
P5DDR   .EQU            H'FFFFCA                ; ポート5のDDRアドレス

        .SECTION ROM,CODE,LOCATE=H'000100

MAIN:   MOV.L           #H'FFFF00,ER7           ; SPの設定

        MOV.B           #H'FF,R0L               ; 出力用設定データ
        MOV.B           R0L,@P1DDR              ; ポート1を出力に設定
        MOV.B           R0L,@P5DDR              ; ポート5を出力に設定

        BSET            #0,@ISCR                ; 割込みパルスの立下りエッジ
        BSET            #0,@IER                 ; IRQ0の割込みを許可
        LDC             #0,CCR                  ; 割込み許可

        MOV.B           #B'01111111,R0L         ; LED点灯データ
LOOP:   MOV.B           R0L,@P1DR               ; ポート1へ点灯データを出力
        JSR             @TIM2                   ; タイマサブルーチンの呼出し
        ROTR.B          R0L                     ; 右に1ビットローテイト
        JMP             @LOOP                   ; 繰り返し
;   ***********    割込みプログラム    ****************

IRQ0:   PUSH.W  R0                              ; レジスタの待避
        PUSH.L          ER5
        PUSH.L          ER6
        MOV.B           #D'3,R0H                ; 点灯回数データ
YET:    MOV.B           #H'FF,R0L               ; 点灯データ
        MOV.B           R0L,@P5DR               ; ポート5のLED点灯
        JSR             @TIM2                   ; タイマサブルーチンの呼出し
        MOV.B           #H'00,R0L               ; 消灯データ
        MOV.B           R0L,@P5DR               ; ポート5のLED消灯
        JSR             @TIM2                   ; タイマサブルーチンの呼出し
```

第５章　アセンブラ言語による実習

```
            DEC.B           R0H             ; 点灯回数データー1
            BNE             YET             ; ゼロでなければ，YETへジャンプ
            POP.L           ER6             ; レジスタの回復
            POP.L           ER5
            POP.W           R0
            RTE                             ; 割込みから復旧
; ****************************************************
TIM2:       MOV.W           #D'50,E5        ; 0.5秒のタイマサブルーチン
L2:         JSR             @TIM1
            DEC.W           #1,E5
            BNE             L2
            RTS

TIM1:       MOV.L           #D'20000,ER6    ; 10msのタイマサブルーチン
L1:         DEC.L           #1,ER6
            NOP
            BNE             L1
            RTS

            .END
```

<リスト13>　IRQ割込みプログラム

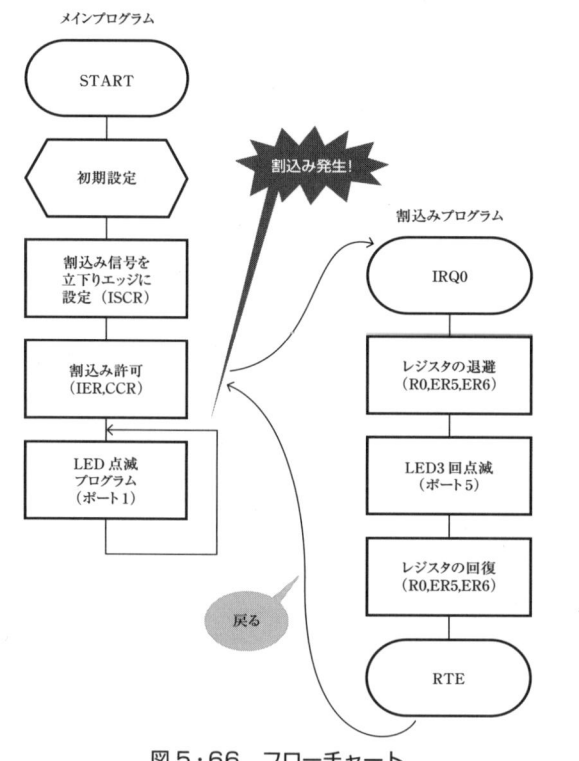

図5・66　フローチャート

5・6 割込み制御

割込みプログラムで使用する汎用レジスタ，R0，ER5，ER6は，スタックへ待避（PUSH命令）しておき，メインプログラムへ戻るまえに回復（POP命令）します．

❷ NMI端子を使った割込み

次に，NMI端子を使った割込みについて実習しましょう．前に実習したIRQ端子を使った割込みでは，割込みの許可や禁止をCCRやIERで設定しました．しかしNMI端子を使った割込みは，禁止することができません．したがって，重要度の高い割込みをかけたいときに使用します．

割込み信号のエッジは，システムコントロールレジスタSYSCRのNMIEGで設定します（85ページ参照）．

図5・67に，実習回路を示します．割込み信号は，NMI端子（CN2-5）に入力しますが，その他の回路は図5・64と同じです．

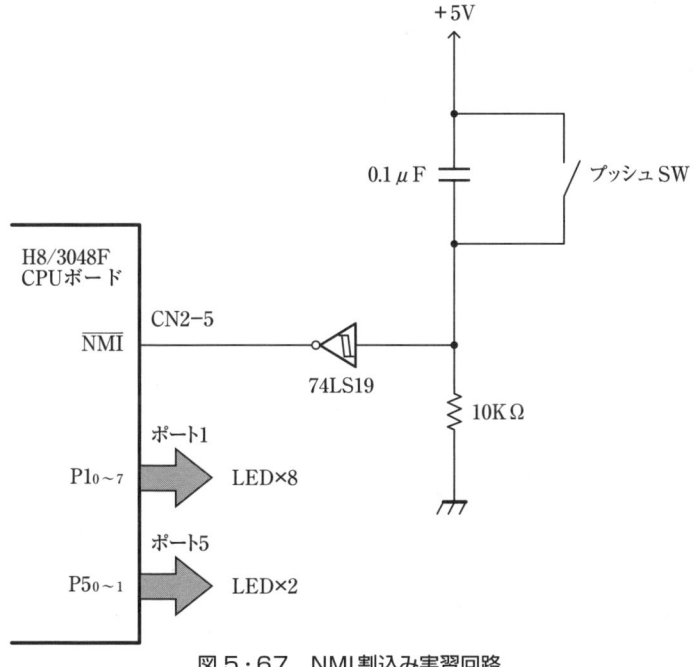

図5・67 NMI割込み実習回路

第5章 アセンブラ言語による実習

```
;   ************************************************************************
;           リスト14
;           NMI割込みプログラム
;   ************************************************************************
            .CPU 300HA                              ; CPUの指定
            .SECTION PROG14,CODE,LOCATE=H'000000

            .DATA.L MAIN                            ; メインプログラムは，000000H番地から
            .ORG                H'00001C            ; NMIの割込みベクタアドレス
            .DATA.L NMI                             ; 割込みプログラムの開始アドレス

SYSCR       .EQU                H'FFFFF2            ; システムコントロールレジスタ
P1DR        .EQU                H'FFFFC2            ; ポート1のDRアドレス
P1DDR       .EQU                H'FFFFC0            ; ポート1のDDRアドレス
P5DR        .EQU                H'FFFFC8            ; ポート5のDRアドレス
P5DDR       .EQU                H'FFFFCA            ; ポート5のDDRアドレス

            .SECTION ROM,CODE,LOCATE=H'000100

MAIN:       MOV.L               #H'FFFF00,ER7       ; SPの設定

            MOV.B               #H'FF,R0L           ; 出力用設定データ
            MOV.B               R0L,@P1DDR          ; ポート1を出力に設定
            MOV.B               R0L,@P5DDR          ; ポート5を出力に設定
            BCLR                #2,@SYSCR           ; 割込みパルスの立下りエッジ

            MOV.B               #B'11111110,R0L     ; LED点灯データ
LOOP:       MOV.B               R0L,@P1DR           ; ポート1へ点灯データを出力
            JSR                 @TIM2               ; タイマサブルーチンの呼出し
            ROTL.B              R0L                 ; 左に1ビットローテイト
            JMP                 @LOOP               ; 繰り返し

;   ***********   割込みプログラム   ****************

NMI:        PUSH.W R0                               ; レジスタの待避
            PUSH.L              ER5
            PUSH.L              ER6
            MOV.B               #D'3,R0H            ; 点灯回数データ
YET:        MOV.B               #H'FF,R0L           ; 点灯データ
            MOV.B               R0L,@P5DR           ; ポート5のLED点灯
            JSR                 @TIM2               ; タイマサブルーチンの呼出し
            MOV.B               #H'00,R0L           ; 消灯データ
            MOV.B               R0L,@P5DR           ; ポート5のLED消灯
            JSR                 @TIM2               ; タイマサブルーチンの呼出し
            DEC.B               R0H                 ; 点灯回数データ−1
            BNE                 YET                 ; ゼロでなければ，YETへジャンプ
            POP.L               ER6                 ; レジスタの回復
            POP.L               ER5
            POP.W               R0
            RTE                                     ; 割込みから復旧
;   ***********************************************

TIM2:       MOV.W               #D'50,E5            ; 0.5秒のタイマサブルーチン
L2:         JSR                 @TIM1
            DEC.W               #1,E5
            BNE                 L2
            RTS
```

5・6 割込み制御

```
TIM1:   MOV.L           #D'20000,ER6    ; 10ｍｓのタイマサブルーチン
L1:     DEC.L           #1,ER6
        NOP
        BNE             L1
        RTS

        .END
```

リスト 14　NMI割込みプログラム

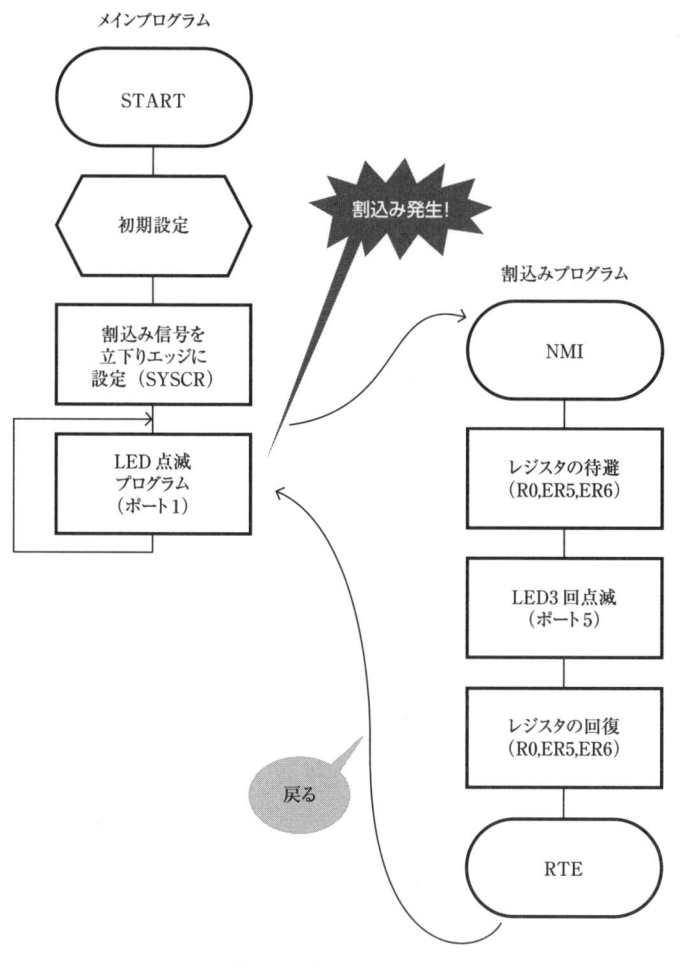

図 5・68　フローチャート

第5章　アセンブラ言語による実習

　メインプログラムは，ポート1のLEDの点灯を左に移動するものとし，割込みがかかるとポート5のLED2個を3回点滅する割込みプログラムの実習を行いましょう．動作としては，＜リスト13＞のプログラムと同じです．プログラムの区別ができるようにポート1のLED点灯の移動方向を変更しました．
　＜リスト14＞にプログラム，図5・68にフローチャートを示します．
　割込み制御の基本を実習しましたが，割込みが使えるようになれば，もう初心者の域は脱したと考えてもいいくらいです．割込み制御は，ITU（インテグレーテッドタイマ）やA-Dコンバータなどの出力を割込み信号として各種の処理を行うこともできます．各自で，テーマを見つけてさらに実習を進めることでH8の理解を深めてください．

第6章

C言語による実習

高級言語を使用すれば，プログラムの開発効率を向上させることができます．CPUのアーキテクチャを理解するためには，アセンブラ言語を使った実習が重要ですが，実際のプログラム開発ではC言語が使用されることが多いようです．H8/3048F用には，C言語やBASIC言語コンパイラが発売されていますが，ここではC言語を使用した制御実習を行いましょう．

C言語の文法などについては，適当な入門書（拙書『C言語マスターブック』オーム社など）を参照してください．

第6章　C言語による実習

6・1　Cコンパイラ

❶ Cコンパイラの種類

　入手できるH8/3048F用のCコンパイラには，ルネサスエレクトロニクスのHEW（28ページ参照）上で動作するものや，エル・アンド・エフ社が販売しているイエローソフトの統合開発環境YCシリーズCコンパイラ（図6・1）などがあります．

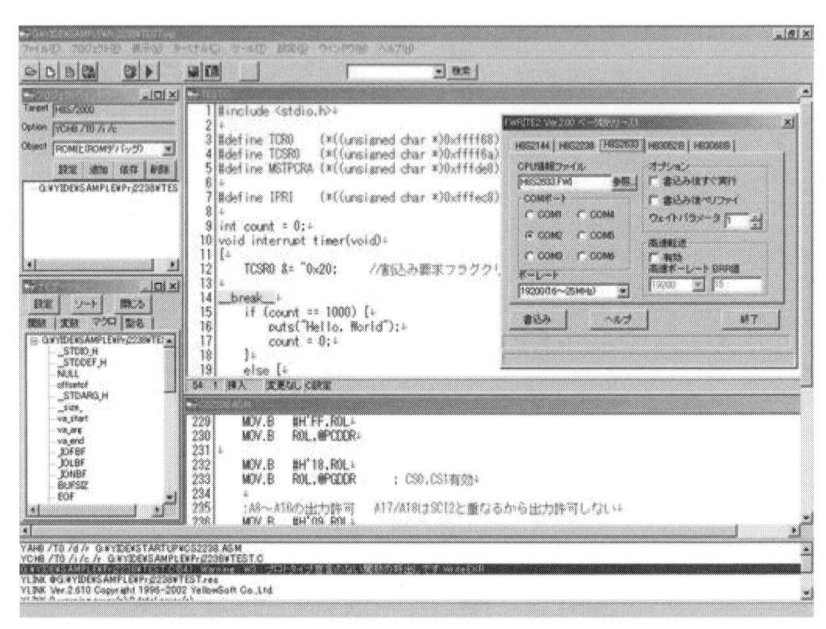

図6・1　イエローソフトの開発環境（http://www.l-and-f.co.jp/）

　本書では，安価な割には豊富な組込み関数などが利用できる，秋月電子通商が提供しているH8/3048F用Cコンパイラを例に挙げて説明を行います．このコンパイラは，1枚のCD-ROMで提供されています．CD-ROMには，図6・2に示すようなファイルが収録されていますので，パソコンの適当な場所にコピーしてください．

6・1 Cコンパイラ

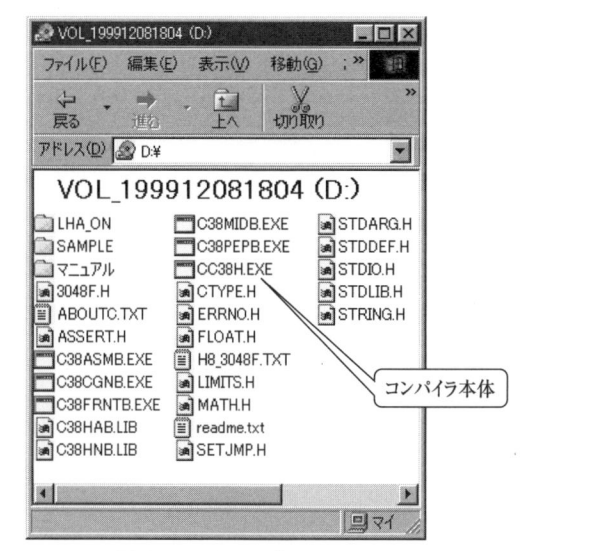

図6・2 Cコンパイラのファイル

図6・3 他に必要なソフトウェア

例えば，ハードディスク：Cの「H8」フォルダ内に「C」というフォルダを新規に作成して，CD-ROMのすべてのファイルをコピーします．

また，後で説明しますが，C言語でプログラムを作成する場合には，アセンブラ言語で使用したアセンブラ，リンカ，コンバートソフトウェアなども必要になります（図6・3）．したがって，これらのファイルについても，フォルダ「C:¥H8¥C」にコピーしておきましょう．

❷ プログラムの書き方

図6・4に，Cプログラムの基本形式を示します．

3048F.Hというヘッダファイルには，内部I/Oレジスタのアドレス定義などが記述されていますので，これを使用するとアドレスの代わりに記号を使えるようになります（図6・5）．

173

第6章　C言語による実習

```
/* Cプログラムの基本形式 */

/*   ヘッダファイルのインクルード*/
#include "3048f.h"

/* メイン関数 */
int main(void)
{

        /* プログラム本体 */

}
```

図6・4　Cプログラムの基本形式

```
struct st_p1 {                                      /* struct P1    */
        unsigned char       DDR;                    /* P1DDR        */
        char                wk;                     /*              */
        union {                                     /* P1DR         */
                unsigned char BYTE;                 /*  Byte Access */
                struct {                            /*  Bit  Access */
                        unsigned char B7:1;         /*     Bit 7    */
                        unsigned char B6:1;         /*     Bit 6    */
                        unsigned char B5:1;         /*     Bit 5    */
                        unsigned char B4:1;         /*     Bit 4    */
                        unsigned char B3:1;         /*     Bit 3    */
                        unsigned char B2:1;         /*     Bit 2    */
                        unsigned char B1:1;         /*     Bit 1    */
                        unsigned char B0:1;         /*     Bit 0    */
                }     BIT;                          /*              */
        }             DR;                           /*              */
};                                                  /*              */
```

図6・5　3048F.Hファイルの一部

例えば，ポート1を出力用に設定する場合には，
　　　P1.DDR.BYTE = 0xff ;
ポート1のビット0に"1"を出力する場合には，
　　　P1.DR.BIT.B0 = 1 ;
と記述することができます．

3048F.Hは，テキスト形式のファイルですから，一度目を通しておくとよいでしょう．

❸ 開発の手順

このコンパイラを使用した場合の，プログラム開発の手順は，図6・6のようになります．

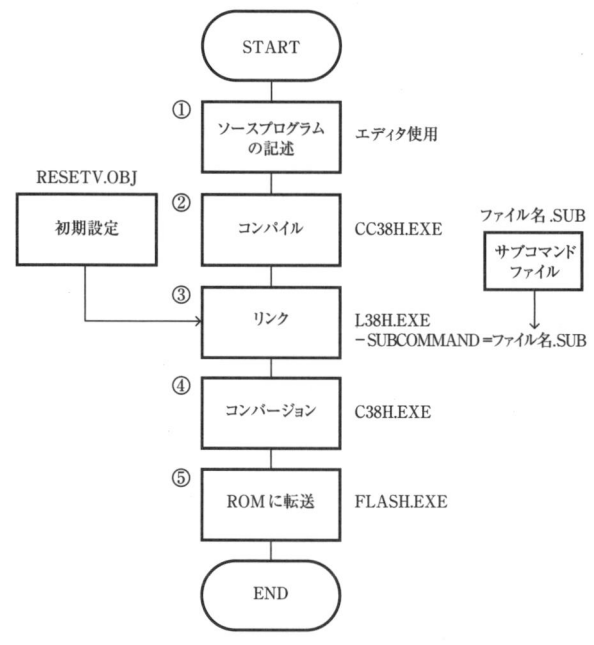

```
            START
              │
    ①    ソースプログラム      エディタ使用
          の記述
              │
RESETV.OBJ  ②
┌──────┐  コンパイル    CC38H.EXE    ファイル名.SUB
│初期設定│←┐                        ┌──────┐
└──────┘  │                        │サブコマンド│
       │  ③                        │ファイル   │
       └→ リンク       L38H.EXE    └──────┘
                      -SUBCOMMAND=ファイル名.SUB
              │
    ④    コンバージョン   C38H.EXE
              │
    ⑤    ROMに転送      FLASH.EXE
              │
             END
```

図6・6　プログラム開発の手順

＜プログラム開発の手順＞

①ソースプログラムの記述

　エディタソフト（ワードパッドなど）を使用して，Cのソースプログラムを記述します．ファイルを保存する際の拡張子は，「C」（例　LED1_C.C）にします．

②コンパイル

　CC38H.EXEを使用して，ソースファイルをコンパイルします．コンパイラの起動は，MS-DOSプロンプト（DOS窓）から，「CC38H LED1_C」と入力しま

第6章　C言語による実習

す．ファイル拡張子の入力は省略できます．コンパイルが終了すると，オブジェクトファイル（LED1_C.OBJ）が作成されます．

③リンク

リンクを行う前に準備しておくことが2つあります．

このCコンパイラでは，セクションやスタックの設定は，アセンブラ言語で記述しなければなりません．したがって，これらの設定を行うプログラム（RESETV.OBJ）を作成しておきます．図6・7に，設定用アセンブラプログラムRESETV.MARの例を示します．

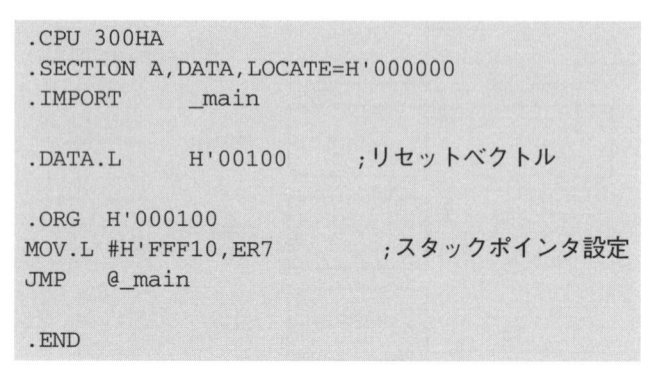

```
.CPU 300HA
.SECTION A,DATA,LOCATE=H'000000
.IMPORT    _main

.DATA.L    H'00100        ;リセットベクトル

.ORG   H'000100
MOV.L  #H'FFF10,ER7        ;スタックポインタ設定
JMP    @_main

.END
```

図6・7　設定用プログラムの例（RESETV.MAR）

設定用プログラムを記述したら，アセンブラ実習で行ったように，A38H.EXEを使用してアセンブルを行い，RESETV.OBJを作成しておきます．

もう一つの準備は，リンク用の指令プログラム（サブコマンドファイル）を作成しておくことです．図6・8に，サブコマンドファイルの例を示します．

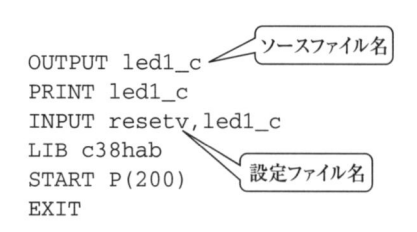

```
OUTPUT led1_c      ←ソースファイル名
PRINT led1_c
INPUT resetv,led1_c
LIB c38hab
START P(200)       ←設定ファイル名
EXIT
```

図6・8　サブコマンドファイルの例

6・1 Cコンパイラ

　作成したサブコマンドファイルは，拡張子を「SUB」（例　LED1_C.SUB）にしてテキスト形式で保存しておきます．

　この例では，3つのファイル，LED1_C.OBJ, RESETV.OBJ, LED1_C.SUBをH8¥Cフォルダ内に用意しました．

　以上で，リンクの準備は終わりました．「L38H -SUNCOMMAND = LED1_C.SUB」と入力するとリンクが実行されます（図6・9）．

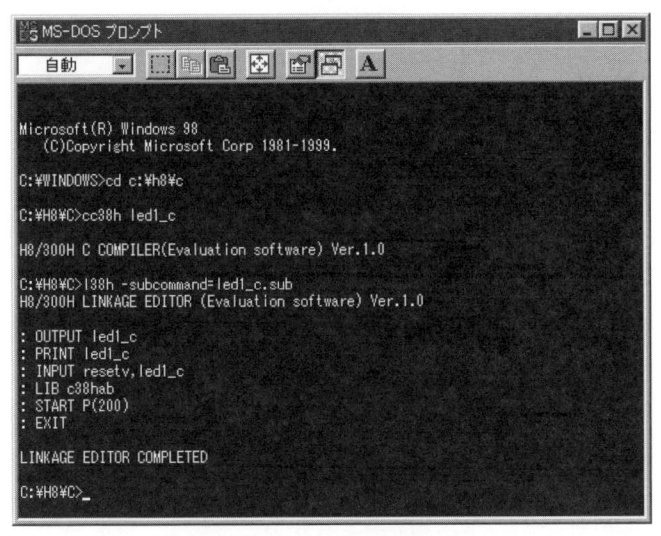

```
Microsoft(R) Windows 98
   (C)Copyright Microsoft Corp 1981-1999.

C:¥WINDOWS>cd c:¥h8¥c

C:¥H8¥C>cc38h led1_c

H8/300H C COMPILER(Evaluation software) Ver.1.0

C:¥H8¥C>l38h -subcommand=led1_c.sub
H8/300H LINKAGE EDITOR (Evaluation software) Ver.1.0

: OUTPUT led1_c
: PRINT led1_c
: INPUT resetv,led1_c
: LIB c38hab
: START P(200)
: EXIT

LINKAGE EDITOR COMPLETED

C:¥H8¥C>_
```

図6・9　リンクの実行まで

　リンクが終了すると，拡張子「ABS」と「MAP」の2つのファイルが作成されます．拡張子「MAP」のファイルは，アドレス情報などを示すファイルですが，ここでは使用しません．

④コンバージョン

　リンクで作成した拡張子「ABS」のファイルを使用してコンバージョンを行います．コンバージョンとは，ファイルをROMに転送できる形式に変換する作業です．手順は，アセンブラ言語の実習で行ったのと同じです．MD-DOSプロンプトから「C38H LED1_C」と入力するか，「LED1_C.ABS」ファイルのアイコンを「C38H.EXE」ファイルにドラッグします．

第6章　C言語による実習

　コンバージョンが終了すると，拡張子が，「MOT」のファイルが作成されます（図6・10）．

```
C38H.EXE              readme.txt
C38HAB.LIB            RESETV.LIS
C38HNB.LIB            RESETV
C38MIDB.EXE           RESETV.OBJ
C38PEPB.EXE           SETJMP.H
CC38H.EXE             STDARG.H
CTYPE.H               STDDEF.H
ERRNO.H               STDIO.H
FLASH.EXE             STDLIB.H
FLOAT.H               STRING.H
H8_3048F.TXT          led1_c.obj
L38H.EXE              led1_c.ABS
LED1_C.C              led1_c.MAP
LED1_C.SUB            led1_c.MOT
LIMITS.H
MATH.H
```

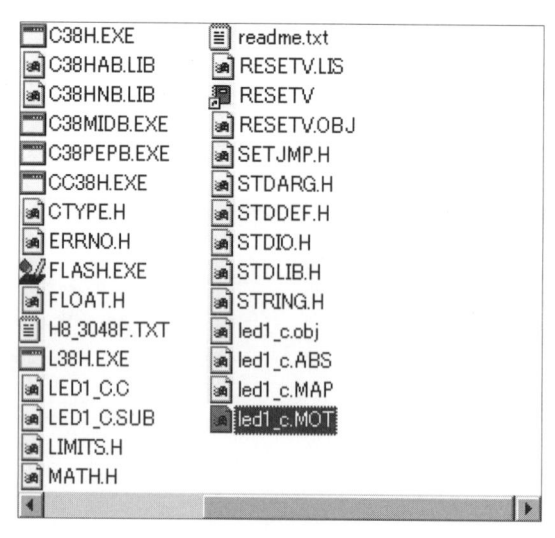

図6・10　作成された「MOT」ファイル

⑤ ROMに転送

　作成した，拡張子が「MOT」のファイルをROMに転送します．手順は，アセンブラ言語の実習で行ったのと同じです（116ページ参照）．「FLASH.EXE」を起動して，転送用プログラムをRAMに転送した後で，「MOT」プログラムをROMに転送します．

　以上で，プログラム実行の準備が整いました．

6・2 LEDの制御

❶ LEDの点滅

　C言語を用いたLED点滅プログラムを作成しましょう．ポート1に接続してある8個のLEDを図6・11のように点滅させます．

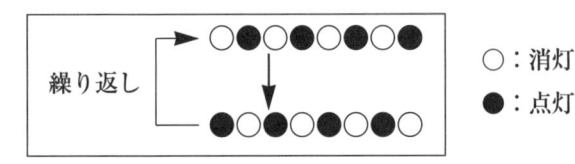

図6・11　LEDの点滅

　＜リスト1＞にプログラム，図6・12にフローチャートを示します．

```
/* LED1_C.C           */
/* LED点滅プログラム  */

#include "3048f.h"                    /*  ヘッダファイルのインクルード*/
void wait(void) ;                     /* プロトタイプ宣言 */

int main(void)
{
      P1.DDR = 0xff ;                 /* ポート1を出力に設定 */

      while(1){                       /* 永久ループ */
            P1.DR.BYTE = 0x55 ;       /* ポート1に55Hを出力 */
            wait();                   /* タイマ関数の呼出し */
            P1.DR.BYTE = 0xaa ;       /* ポート1にAAHを出力 */
            wait() ;                  /* タイマ関数の呼出し */
      }
}

void wait(void)
{
      long int tt ;

      for ( tt = 0; tt < 500000; tt++) {
      }
}
```

＜リスト1＞　LED点滅プログラム

第6章　C言語による実習

```
        START
          │
     ポート1を
     出力に設定
          │
      永久ループ
          │
      ポート1へ              wait ( )
      55Hを出力                 │
          │                ttをlong
       wait ( )            型で宣言
          │                   │
      ポート1へ          tt = 0,500000,1
      AAHを出力               │
          │                   tt
       wait ( )                │
          │                RETURN
       LOOP
          │
        END
```

図6・12　フローチャート

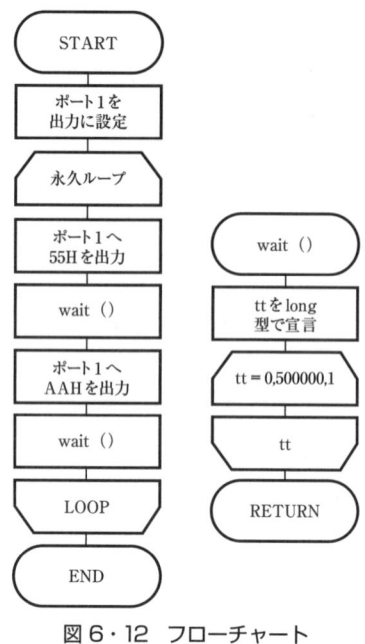

　C言語では，if文やfor文，while文などの制御文を使えることが強みです．<リスト1>のタイマ関数では，for文による時間稼ぎを行っています．
　リンク時に使用した設定プログラムは図6・7，サブコマンドファイルは図6・8を参照してください．

❷ スイッチ入力

　ポート2に接続されているDIPスイッチから取り込んだデータによって，ポート1のLEDを点灯してみましょう．動作としては，127ページの<リスト3>のプログラムと同じです．比較して理解できるように，あえて同じ動作をさせることにしています．
　<リスト2>にプログラム，図6・13にフローチャートを示します．設定用アセンブラプログラムは図6・7と同じであり，サブコマンドファイルは図6・14に示すようにファイル名の部分が異なるだけです．

6・2 LEDの制御

```
/* SW1_C.C              */
/* スイッチ入力プログラム */
#include "3048f.h"              /* ヘッダファイルのインクルード */

int main(void)
{
    unsigned char dd ;          /* スイッチデータ用変数 */
    P1.DDR = 0xff ;             /* ポート1を出力に設定 */
    P2.DDR = 0x00 ;             /* ポート2を入力に設定 */
    P2.PCR.BYTE = 0xff ;        /* ポート2のプルアップ有効 */

    while(1){                   /* 永久ループ */
        dd = P2.DR.BYTE ;       /* スイッチデータ入力 */
        P1.DR.BYTE = dd ;       /* 点灯データ出力 */
    }
}
```

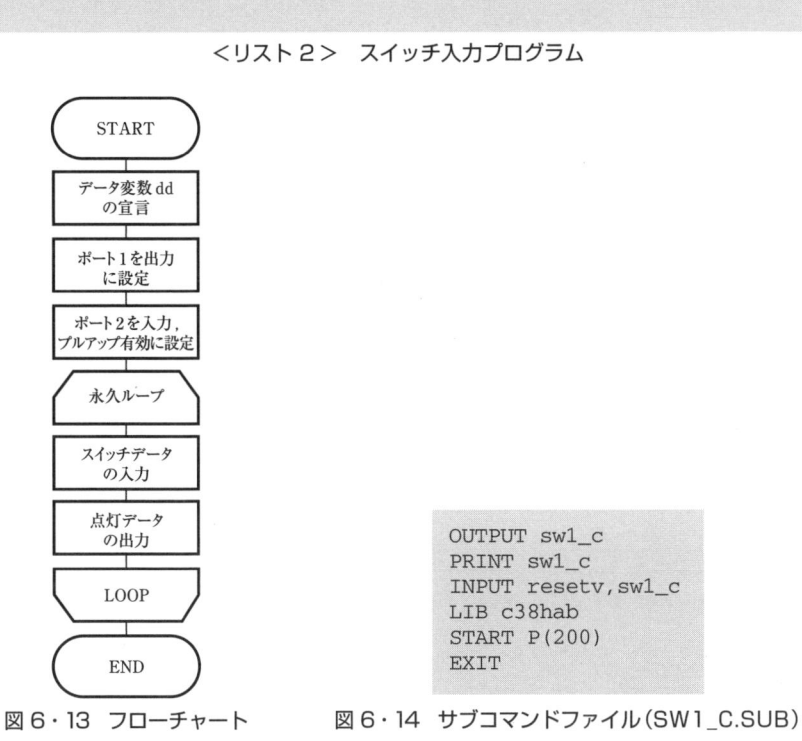

<リスト2> スイッチ入力プログラム

```
OUTPUT sw1_c
PRINT sw1_c
INPUT resetv,sw1_c
LIB c38hab
START P(200)
EXIT
```

図6・13 フローチャート　　図6・14 サブコマンドファイル(SW1_C.SUB)

符号なしchar（8ビット）型に宣言した変数ddは，スイッチからデータを取り込み，LEDに出力するのに使用しています．

❸ インテグレーテッドタイマの使用

　132ページの＜リスト5＞と同じ動作をするプログラムをC言語で作成してみましょう．＜リスト3＞にプログラム，図6・15にフローチャートを示します．設定用アセンブラプログラムは図6・7と同じであり，サブコマンドファイルは図6・16に示します．

　＜リスト5＞と異なるのは，点灯するLEDの変更にシフト演算子を用いていることと，点灯データを反転するためにXOR（排他的論理和）演算子を使ったマスク操作（44ページ参照）を行っていることです．

```
/* ITU1_C.C                   */
/* インテグレーテッドタイマの使用 */
#include "3048f.h"     /* ヘッダファイルのインクルード */
void itu_int(void) ;   /* プロトタイプ宣言 */
void itu_ovf(void) ;

int main(void)
{
      unsigned char outd, dd ;
      P1.DDR = 0xff;                  /* ポート1を出力 */
      dd = 0x01 ;                     /* 点灯データ */

      itu_int();                      /* ITU設定とスタート */
      while(1){
            if(dd == 0)               /* "0"なら初期化 */
                  dd = 0x01;
            outd = 0xff ^ dd ;        /* "1"で点灯するように反転 */
            P1.DR.BYTE = outd ;       /* 点灯データ出力 */
            itu_ovf() ;               /* OVFチェック */
            dd = dd << 1 ;            /* 1ビット左シフト */
      }
}

void itu_int(void){
      ITU0.TCR.BYTE = 0x03 ;          /* 1/8分周 */
      ITU.TSTR.BIT.STR0 = 1 ;         /* ITUスタート */
}

void itu_ovf(void){
      while(1){
            if(ITU0.TSR.BIT.OVF == 1)       /* OVFが"1"ならループ脱出 */
                  break ;
      }
      ITU0.TSR.BIT.OVF = 0 ;          /* OVFリセット */
}
```

<リスト3>　ITU使用プログラム

6・2 LEDの制御

メイン関数
- START
- ポート1を出力に設定
- 点灯データの用意
- itu_int ( )
- 永久ループ
- dd : 0 =／≠
  - ≠ → (下へ合流)
  - = → 01H → dd
- XOR
- 点灯データの出力
- itu_ovf ( )
- ddを1ビット左にシフト
- LOOP
- END

カウンタのスタート
- itu_int ( )
- プリスケーラを1/8分周に設定
- ITUカウンタスタート
- RETURN

オーバフローフラグのチェック
- itu_ovf ( )
- 永久ループ
- OVF : 1 =／≠
  - ≠ → LOOP
  - = → 0 → OVF
- RETURN

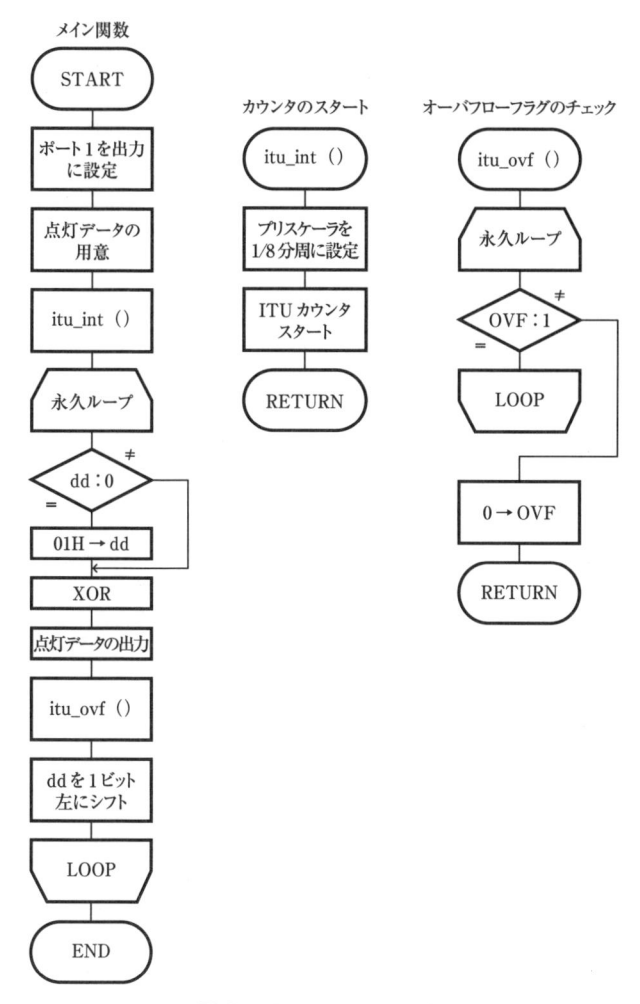

図6・15　フローチャート

```
OUTPUT itu1_c
PRINT itu1_c
INPUT resetv,itu1_c
LIB c38hab
START P(200)
EXIT
```

図6・16　サブコマンドファイル(ITU1_C.SUB)

付録

付録1 H8命令セット

A.1 (1) 命令セット

ニーモニック		サイズ	アドレッシングモード/命令長(バイト)								オペレーション	コンディションコード						実行ステート数	
			#xx	Rn	@ERn	@(d,ERn)	@ERn+/@-ERn	@aa	@(d,PC)	@@aa	—		I	H	N	Z	V	C	ノーマル	アドバンスト
MOV	MOV.B #xx8,Rd	B	2									#xx8→Rd8	—	—	↕	↕	0	—	2	
	MOV.B Rs,Rd	B		2								Rs8→Rd8	—	—	↕	↕	0	—	2	
	MOV.B @ERs,Rd	B			2							@ERs→Rd8	—	—	↕	↕	0	—	4	
	MOV.B @(d:16,ERs),Rd	B				4						@(d:16,ERs)→Rd8	—	—	↕	↕	0	—	6	
	MOV.B @(d:24,ERs),Rd	B				8						@(d:24,ERs)→Rd8	—	—	↕	↕	0	—	10	
	MOV.B @ERs+,Rd	B					2					@ERs→Rd8,ERs32+1→ERs32	—	—	↕	↕	0	—	6	
	MOV.B @aa:8,Rd	B						2				@aa:8→Rd8	—	—	↕	↕	0	—	4	
	MOV.B @aa:16,Rd	B						4				@aa:16→Rd8	—	—	↕	↕	0	—	6	
	MOV.B @aa:24,Rd	B						6				@aa:24→Rd8	—	—	↕	↕	0	—	8	
	MOV.B Rs,@ERd	B			2							Rs8→@ERd	—	—	↕	↕	0	—	4	
	MOV.B Rs,@(d:16,ERd)	B				4						Rs8→@(d:16,ERd)	—	—	↕	↕	0	—	6	
	MOV.B Rs,@(d:24,ERd)	B				8						Rs8→@(d:24,ERd)	—	—	↕	↕	0	—	10	
	MOV.B Rs,@-ERd	B					2					ERd32-1→ERd32,Rs8→@ERd	—	—	↕	↕	0	—	6	
	MOV.B Rs,@aa:8	B						2				Rs8→@aa:8	—	—	↕	↕	0	—	4	
	MOV.B Rs,@aa:16	B						4				Rs8→@aa:16	—	—	↕	↕	0	—	6	
	MOV.B Rs,@aa:24	B						6				Rs8→@aa:24	—	—	↕	↕	0	—	8	
	MOV.W #xx16,Rd	W	4									#xx16→Rd16	—	—	↕	↕	0	—	2	
	MOV.W Rs,Rd	W		2								Rs16→Rd16	—	—	↕	↕	0	—	2	
	MOV.W @ERs,Rd	W			2							@ERs→Rd16	—	—	↕	↕	0	—	4	
	MOV.W @(d:16,ERs),Rd	W				4						@(d:16,ERs)→Rd16	—	—	↕	↕	0	—	6	
	MOV.W @(d:24,ERs),Rd	W				8						@(d:24,ERs)→Rd16	—	—	↕	↕	0	—	10	
	MOV.W @ERs+,Rd	W					2					@ERs→Rd16,ERs32+2→@ERd32	—	—	↕	↕	0	—	6	
	MOV.W @aa:16,Rd	W						4				@aa:16→Rd16	—	—	↕	↕	0	—	6	
	MOV.W @aa:24,Rd	W						6				@aa:24→Rd16	—	—	↕	↕	0	—	8	

＊実行ステート数は、オペコードおよびオペランドが内蔵メモリに存在する場合である。以下 F.A.7 (p.195) まで同様。

付録-1 H8命令セット一覧

A.1 (2) 命令セット

	ニーモニック		サイズ	アドレッシングモード/命令長（バイト）								オペレーション	コンディションコード						実行ステート数	
				#xx	Rn	@ERn	@(d,ERn)	@-ERn/@ERn+	@aa	@(d,PC)	@@aa		I	H	N	Z	V	C	ノーマル	アドバンスト
MOV	MOV.W	Rs,@ERd	W		2							Rs16→@ERd	-	-	↕	↕	0	-	4	
	MOV.W	Rs,@(d:16,ERd)	W			4						Rs16→@(d:16,ERd)	-	-	↕	↕	0	-	6	
	MOV.W	Rs,@(d:24,ERd)	W			8						Rs16→@(d:24,ERd)	-	-	↕	↕	0	-	10	
	MOV.W	Rs,@-ERd	W					2				ERd32-2→ERd32,Rs16→@ERd	-	-	↕	↕	0	-	6	
	MOV.W	Rs,@aa:16	W						4			Rs16→@aa:16	-	-	↕	↕	0	-	6	
	MOV.W	Rs,@aa:24	W						6			Rs16→@aa:24	-	-	↕	↕	0	-	8	
	MOV.L	#xx:32,Rd	L	6								#xx:32→Rd32	-	-	↕	↕	0	-	6	
	MOV.L	ERs,ERd	L		2							ERs32→ERd32	-	-	↕	↕	0	-	2	
	MOV.L	@ERs,ERd	L			4						@ERs→ERd32	-	-	↕	↕	0	-	8	
	MOV.L	@(d:16,ERs),ERd	L				6					@(d:16,ERs)→ERd32	-	-	↕	↕	0	-	10	
	MOV.L	@(d:24,ERs),ERd	L				10					@(d:24,ERs)→ERd32	-	-	↕	↕	0	-	14	
	MOV.L	@ERs+,ERd	L					4				@ERs→ERd32,ERs32+4→ERs32	-	-	↕	↕	0	-	10	
	MOV.L	@aa:16,ERd	L						6			@aa:16→ERd32	-	-	↕	↕	0	-	10	
	MOV.L	@aa:24,ERd	L						8			@aa24→ERd32	-	-	↕	↕	0	-	12	
	MOV.L	ERs,@ERd	L			4						ERs32→@ERd	-	-	↕	↕	0	-	8	
	MOV.L	ERs,@(d:16,ERd)	L				6					ERs32→@(d:16,ERd)	-	-	↕	↕	0	-	10	
	MOV.L	ERs,@(d:24,ERd)	L				10					ERs32→@(d:24,ERd)	-	-	↕	↕	0	-	14	
	MOV.L	ERs,@-ERd	L					4				ERd32-4→ERd32,ERs32→@ERd	-	-	↕	↕	0	-	10	
	MOV.L	ERs,@aa:16	L						6			ERs32→@aa:16	-	-	↕	↕	0	-	10	
	MOV.L	ERs,@aa:24	L						8			ERs32→@aa24	-	-	↕	↕	0	-	12	
POP	POP.W	Rn	W									2 @SP→Rn16,SP+2→SP	-	-	↕	↕	0	-	6	
	POP.L	ERn	L									4 @SP→ERn32,SP+4→SP	-	-	↕	↕	0	-	10	
PUSH	PUSH.W	Rn	W									2 SP-2→SP,Rn16→@SP	-	-	↕	↕	0	-	6	
	PUSH.L	ERn	L									4 SP-4→SP,ERn32→@SP	-	-	↕	↕	0	-	10	
MOVFPE	MOVFPE	@aa:16,Rd	B						4			@aa:16→Rd(E同盟)	-	-	↕	↕	0	-	(6)	
MOVTPE	MOVTPE	Rs,@aa:16	B						4			Rs→@aa:16(E同盟)	-	-	↕	↕	0	-	(6)	

185

付録

A.1 (3) 命令セット

ニーモニック		サイズ	#xx	Rn	@ERn	@(d, ERn)	@-ERn/@ERn+	@aa	@(d, PC)	@@aa	—	オペレーション	I	H	N	Z	V	C	ノーマル	アドバンスト
ADD	ADD.B #xx8,Rd	B	2									Rd8+#xx8→Rd8	—	↕	↕	↕	↕	↕		2
	ADD.B Rs,Rd	B		2								Rd8+Rs8→Rd8	—	↕	↕	↕	↕	↕		2
	ADD.W #xx16,Rd	W	4									Rd16+#xx16→Rd16	—	(1)	↕	↕	↕	↕		4
	ADD.W Rs,Rd	W		2								Rd16+Rs16→Rd16	—	↕	↕	↕	↕	↕		2
	ADD.L #xx32,ERd	L	6									ERd32+#xx32→ERd32	—	(2)	↕	↕	↕	↕		6
	ADD.L ERs,ERd	L		2								ERd32+ERs32→ERd32	—	(2)	↕	↕	↕	↕		2
ADDX	ADDX.B #xx8,Rd	B	2									Rd8+#xx8+C→Rd8	—	↕	↕	(3)	↕	↕		2
	ADDX.B Rs,Rd	B		2								Rd8+Rs8+C→Rd8	—	↕	↕	(3)	↕	↕		2
ADDS	ADDS.L #1,ERd	L		2								ERd32+1→ERd32	—	—	—	—	—	—		2
	ADDS.L #2,ERd	L		2								ERd32+2→ERd32	—	—	—	—	—	—		2
	ADDS.L #4,ERd	L		2								ERd32+4→ERd32	—	—	—	—	—	—		2
INC	INC.B Rd	B		2								Rd8+1→Rd8	—	—	↕	↕	↕	—		2
	INC.W #1,Rd	W		2								Rd16+1→Rd16	—	—	↕	↕	↕	—		2
	INC.W #2,Rd	W		2								Rd16+2→Rd16	—	—	↕	↕	↕	—		2
	INC.L #1,ERd	L		2								ERd32+1→ERd32	—	—	↕	↕	↕	—		2
	INC.L #2,ERd	L		2								ERd32+2→ERd32	—	—	↕	↕	↕	—		2
DAA	DAA Rd	B		2								Rd8 10進補正→Rd8	—	*	↕	↕	*	↕		2
SUB	SUB.B Rs,Rd	B		2								Rd8-Rs8→Rd8	—	↕	↕	↕	↕	↕		2
	SUB.W #xx16,Rd	W	4									Rd16-#xx16→Rd16	—	(1)	↕	↕	↕	↕		4
	SUB.W Rs,Rd	W		2								Rd16-Rs16→Rd16	—	↕	↕	↕	↕	↕		2
	SUB.L #xx32,ERd	L	6									ERd32-#xx32→ERd32	—	(2)	↕	↕	↕	↕		6
	SUB.L ERs,ERd	L		2								ERd32-ERs32→ERd32	—	(2)	↕	↕	↕	↕		2
SUBX	SUBX #xx8,Rd	B	2									Rd8-#xx8-C→Rd8	—	↕	↕	(3)	↕	↕		2
	SUBX Rs,Rd	B		2								Rd8-Rs8-C→Rd8	—	↕	↕	(3)	↕	↕		2

(1), (2), (3) は p. 195 [注] 参照

付録-1　H8命令セット一覧

A.1 (4) 命令セット

	ニーモニック	サイズ	\#xx	Rn	@ERn	@(d,ERn)	@-ERn/@ERn+	@aa	@(d,PC)	@@aa	—	オペレーション	I	H	N	Z	V	C	ノーマル	アドバンスト
SUBS	SUBS #1,ERd	L		2								ERd32-1→ERd32	—	—	—	—	—	—		2
	SUBS #2,ERd	L		2								ERd32-2→ERd32	—	—	—	—	—	—		2
	SUBS #4,ERd	L		2								ERd32-4→ERd32	—	—	—	—	—	—		2
DEC	DEC.B Rd	B		2								Rd8-1→Rd8	—	—	↕	↕	↕	—		2
	DEC.W #1,Rd	W		2								Rd16-1→Rd16	—	—	↕	↕	↕	—		2
	DEC.W #2,Rd	W		2								Rd16-2→Rd16	—	—	↕	↕	↕	—		2
	DEC.L #1,ERd	L		2								ERd32-1→ERd32	—	—	↕	↕	↕	—		2
	DEC.L #2,ERd	L		2								ERd32-2→ERd32	—	—	↕	↕	↕	—		2
DAS	DAS Rd	B		2								Rd8 10進補正→Rd8	—	*	↕	↕	*	—		2
MULXU	MULXU.B Rs,Rd	B		2								Rd8×Rs8→Rd16(符号なし乗算)	—	—	—	—	—	—		14
	MULXU.W Rs,ERd	W		2								Rd16×Rs16→ERd32(符号なし乗算)	—	—	—	—	—	—		22
MULXS	MULXS.B Rs,Rd	B		4								Rd8×Rs8→Rd16(符号付乗算)	—	—	↕	↕	—	—		16
	MULXS.W Rs,ERd	W		4								Rd16×Rs16→ERd32(符号付乗算)	—	—	↕	↕	—	—		24
DIVXU	DIVXU.B Rs,Rd	B		2								Rd16÷Rs8→Rd16(Rd16余り, RdL:商(符号なし除算))	—	—	(4)	(5)	—	—		14
	DIVXU.W Rs,ERd	W		2								ERd32÷Rs16→ERd32(Ed上余り, Rd下:商(符号なし除算))	—	—	(4)	(5)	—	—		22
DIVXS	DIVXS.B Rs,Rd	B		4								Rd16÷Rs8→Rd16(Rd16余り, RdL:商(符号付除算))	—	—	(6)	(5)	—	—		16
	DIVXS.W Rs,ERd	W		4								ERd32÷Rs16→ERd32(Ed上余り, Rd下:商(符号付除算))	—	—	(6)	(5)	—	—		24
CMP	CMP.B #xx:8,Rd	B	2									Rd-#xx:8	—	↕	↕	↕	↕	↕		2
	CMP.B Rs,Rd	B		2								Rd8-Rs8	—	↕	↕	↕	↕	↕		2
	CMP.W #xx:16,Rd	W	4									Rd16-#xx:16	—	(1)	↕	↕	↕	↕		4
	CMP.W Rs,Rd	W		2								Rd16-Rs16	—	(1)	↕	↕	↕	↕		2
	CMP.L #xx:32,ERd	L	6									ERd32-#xx:32	—	(2)	↕	↕	↕	↕		6
	CMP.L ERs,ERd	L		2								ERd32-ERs32	—	(2)	↕	↕	↕	↕		2
NEG	NEG.B Rd	B		2								0-Rd8→Rd8	—	↕	↕	↕	↕	↕		2
	NEG.W Rd	W		2								0-Rd16→Rd16	—	↕	↕	↕	↕	↕		2
	NEG.L ERd	L		2								0-ERd32→ERd32	—	↕	↕	↕	↕	↕		2

(1), (2), (4), (5), (6) は p.195 [注] 参照

付録

A.1 (5) 命令セット

ニーモニック		サイズ	アドレッシングモード/命令長（バイト）							オペレーション	コンディションコード					実行ステート数	
			#xx	Rn	@ERn	@(d,ERn)	@ERn+	@aa	@(d,PC)	@@aa		I	H	N	Z	V	C	ノーマル	アドバンスト
EXTU	EXTU.W Rd	W		2								0→(<bit15～8>of Rd16)	-	-	0	↕	0	-	2	
	EXTUL ERd	L		2								0→(<bit31～16>of ERd32)	-	-	0	↕	0	-	2	
EXTS	EXTS.W Rd	W		2								(<bit7>of Rd16)→(<bit15～8>of Rd16)	-	-	↕	↕	0	-	2	
	EXTSL ERd	L		2								(<bit15>of ERd32)→(<bit31～16>of ERd32)	-	-	↕	↕	0	-	2	

A.2 論理演算命令

	ニーモニック	サイズ	アドレッシングモード/命令長（バイト）								オペレーション	コンディションコード					実行ステート数	
			#xx	Rn	@ERn	@(d,ERn)	@ERn+	@aa	@(d,PC)	@@aa		I	H	N	Z	V	C	ノーマル	アドバンスト
AND	AND.B #xx8,Rd	B	2								Rd8∧#xx8→Rd8	-	-	↕	↕	0	-	2	
	AND.B Rs,Rd	B		2							Rd8∧Rs8→Rd8	-	-	↕	↕	0	-	2	
	AND.W #xx16,Rd	W	4								Rd16∧#xx16→Rd16	-	-	↕	↕	0	-	4	
	AND.W Rs,Rd	W		2							Rd16∧Rs16→Rd16	-	-	↕	↕	0	-	2	
	ANDL #xx32,ERd	L	6								ERd32∧#xx32→ERd32	-	-	↕	↕	0	-	6	
	ANDL ERs,ERd	L		4							ERd32∧ERs32→ERd32	-	-	↕	↕	0	-	4	
OR	OR.B #xx8,Rd	B	2								Rd8∨#xx8→Rd8	-	-	↕	↕	0	-	2	
	OR.B Rs,Rd	B		2							Rd8∨Rs8→Rd8	-	-	↕	↕	0	-	2	
	OR.W #xx16,Rd	W	4								Rd16∨#xx16→Rd16	-	-	↕	↕	0	-	4	
	OR.W Rs,Rd	W		2							Rd16∨Rs16→Rd16	-	-	↕	↕	0	-	2	
	ORL #xx32,ERd	L	6								ERd32∨#xx32→ERd32	-	-	↕	↕	0	-	6	
	ORL ERs,ERd	L		4							ERd32∨ERs32→ERd32	-	-	↕	↕	0	-	4	
XOR	XORB #xx8,Rd	B	2								Rd8⊕#xx8→Rd8	-	-	↕	↕	0	-	2	
	XORB Rs,Rd	B		2							Rd8⊕Rs8→Rd8	-	-	↕	↕	0	-	2	
	XOR.W #xx16,Rd	W	4								Rd16⊕#xx16→Rd16	-	-	↕	↕	0	-	4	
	XOR.W Rs,Rd	W		2							Rd16⊕Rs16→Rd16	-	-	↕	↕	0	-	2	
	XORL #xx32,ERd	L	6								ERd32⊕#xx32→ERd32	-	-	↕	↕	0	-	6	
	XORL ERs,ERd	L		4							ERd32⊕ERs32→ERd32	-	-	↕	↕	0	-	4	
NOT	NOT.B Rd	B		2								~Rd8→Rd8	-	-	↕	↕	0	-	2	
	NOT.W Rd	W		2								~Rd16→Rd16	-	-	↕	↕	0	-	2	
	NOTL ERd	L		2								~Rd32→Rd32	-	-	↕	↕	0	-	2	

付録-1　H8命令セット一覧

A.3 シフト命令

ニーモニック		サイズ	アドレッシングモード/命令長（バイト）							オペレーション	コンディションコード						実行ステート数	
			#xx	Rn	@ERn	@(d, ERn)/@-ERn/@ERn+	@aa	@(d, PC)	@@aa	—		I	H	N	Z	V	C	ノーマル	アドバンスト
SHAL	SHAL.B Rd	B		2							(MSB←C←LSB の左シフト、最下位0)	—	—	↕	↕	↕	↕		2
	SHAL.W Rd	W		2								—	—	↕	↕	↕	↕		2
	SHALL ERd	L		2								—	—	↕	↕	↕	↕		2
SHAR	SHAR.B Rd	B		2							(MSB→LSB→C の右シフト、算術)	—	—	↕	↕	0	↕		2
	SHAR.W Rd	W		2								—	—	↕	↕	0	↕		2
	SHARL ERd	L		2								—	—	↕	↕	0	↕		2
SHLL	SHLL.B Rd	B		2							(C←MSB←LSB←0 の左論理シフト)	—	—	↕	↕	0	↕		2
	SHLL.W Rd	W		2								—	—	↕	↕	0	↕		2
	SHLL.L ERd	L		2								—	—	↕	↕	0	↕		2
SHLR	SHLR.B Rd	B		2							(0→MSB→LSB→C の右論理シフト)	—	—	↕	↕	0	↕		2
	SHLR.W Rd	W		2								—	—	↕	↕	0	↕		2
	SHLR.L ERd	L		2								—	—	↕	↕	0	↕		2
ROTXL	ROTXL.B Rd	B		2							(MSB←LSB←C 左ローテート through carry)	—	—	↕	↕	0	↕		2
	ROTXL.W Rd	W		2								—	—	↕	↕	0	↕		2
	ROTXLL ERd	L		2								—	—	↕	↕	0	↕		2
ROTXR	ROTXR.B Rd	B		2							(C→MSB→LSB 右ローテート through carry)	—	—	↕	↕	0	↕		2
	ROTXR.W Rd	W		2								—	—	↕	↕	0	↕		2
	ROTXRL ERd	L		2								—	—	↕	↕	0	↕		2
ROTL	ROTL.B Rd	B		2							(MSB←LSB の左ローテート、C)	—	—	↕	↕	0	↕		2
	ROTL.W Rd	W		2								—	—	↕	↕	0	↕		2
	ROTLL ERd	L		2								—	—	↕	↕	0	↕		2
ROTR	ROTR.B Rd	B		2							(MSB→LSB の右ローテート、C)	—	—	↕	↕	0	↕		2
	ROTR.W Rd	W		2								—	—	↕	↕	0	↕		2
	ROTR.L ERd	L		2								—	—	↕	↕	0	↕		2

189

付録

A.4 (1) ビット操作命令

ニーモニック		サイズ	アドレッシングモード/命令長 (バイト)									オペレーション	コンディションコード						実行ステート数	
			#xx	Rn	@ERn	@(d,ERn)/@(d,En)	@ERn+/@-ERn	@aa	@(d,PC)	@@aa	—		I	H	N	Z	V	C	ノーマル	アドバンスト
BSET	BSET #xx:3,Rd	B		2								(#xx:3 of Rd8)←1	—	—	—	—	—	—	2	
	BSET #xx:3,@ERd	B			4							(#xx:3 of @ERd)←1	—	—	—	—	—	—	8	
	BSET #xx:3,@aa:8	B						4				(#xx:3 of @aa8)←1	—	—	—	—	—	—	8	
	BSET Rn,Rd	B		2								(Rn8 of Rd8)←1	—	—	—	—	—	—	2	
	BSET Rn,@ERd	B			4							(Rn8 of @ERd)←1	—	—	—	—	—	—	8	
	BSET Rn,@aa:8	B						4				(Rn8 of @aa8)←1	—	—	—	—	—	—	8	
BCLR	BCLR #xx:3,Rd	B		2								(#xx:3 of Rd8)←0	—	—	—	—	—	—	2	
	BCLR #xx:3,@ERd	B			4							(#xx:3 of @ERd)←0	—	—	—	—	—	—	8	
	BCLR #xx:3,@aa:8	B						4				(#xx:3 of @aa8)←0	—	—	—	—	—	—	8	
	BCLR Rn,Rd	B		2								(Rn8 of Rd8)←0	—	—	—	—	—	—	2	
	BCLR Rn,@ERd	B			4							(Rn8 of @ERd)←0	—	—	—	—	—	—	8	
	BCLR Rn,@aa:8	B						4				(Rn8 of @aa8)←0	—	—	—	—	—	—	8	
BNOT	BNOT #xx:3,Rd	B		2								(#xx:3 of Rd8)←~(#xx:3 of Rd8)	—	—	—	—	—	—	2	
	BNOT #xx:3,@ERd	B			4							(#xx:3 of @ERd)←~(#xx:3 of @ERd)	—	—	—	—	—	—	8	
	BNOT #xx:3,@aa:8	B						4				(#xx:3 of @aa8)←~(#xx:3 of @aa8)	—	—	—	—	—	—	8	
	BNOT Rn,Rd	B		2								(Rn8 of Rd8)←~(Rn8 of Rd8)	—	—	—	—	—	—	2	
	BNOT Rn,@ERd	B			4							(Rn8 of @ERd)←~(Rn8 of @ERd)	—	—	—	—	—	—	8	
	BNOT Rn,@aa:8	B						4				(Rn8 of @aa8)←~(Rn8 of @aa8)	—	—	—	—	—	—	8	
BTST	BTST #xx:3,Rd	B		2								(#xx:3 of Rd8)→Z	—	—	—	↕	—	—	2	
	BTST #xx:3,@ERd	B			4							(#xx:3 of @ERd)→Z	—	—	—	↕	—	—	6	
	BTST #xx:3,@aa:8	B						4				(#xx:3 of @aa8)→Z	—	—	—	↕	—	—	6	
	BTST Rn,Rd	B		2								(Rn8 of Rd8)→Z	—	—	—	↕	—	—	2	
	BTST Rn,@ERd	B			4							(Rn8 of @ERd)→Z	—	—	—	↕	—	—	6	
	BTST Rn,@aa:8	B						4				(Rn8 of @aa8)→Z	—	—	—	↕	—	—	6	
BLD	BLD #xx:3,Rd	B		2								(#xx:3 of Rd8)→C	—	—	—	—	—	↕	2	
	BLD #xx:3,@ERd	B			4							(#xx:3 of @ERd)→C	—	—	—	—	—	↕	6	
	BLD #xx:3,@aa:8	B						4				(#xx:3 of @aa8)→C	—	—	—	—	—	↕	6	
BILD	BILD #xx:3,Rd	B		2								~(#xx:3 of Rd8)→C	—	—	—	—	—	↕	2	
	BILD #xx:3,@ERd	B			4							~(#xx:3 of @ERd)→C	—	—	—	—	—	↕	6	
	BILD #xx:3,@aa:8	B						4				~(#xx:3 of @aa8)→C	—	—	—	—	—	↕	6	

付録-1　H8命令セット一覧

A.4 (2) ビット操作命令

ニーモニック		サイズ	アドレッシングモード/命令長 (バイト)									コンディションコード						実行ステート数	
			#xx	Rn	@ERn	@(d,ERn)	@-ERn/@ERn+	@aa	@(d,PC)	@@aa	—	オペレーション	I	H	N	Z	V	C	ノーマル	アドバンスト
BST	BST #xx:3,Rd	B		2								~C→(#xx:3 of Rd8)	—	—	—	—	—	—	2	
	BST #xx:3,@ERd	B			4							~C→(#xx:3 of @ERd24)	—	—	—	—	—	—	8	
	BST #xx:3,@aa8	B						4				~C→(#xx:3 of @aa8)	—	—	—	—	—	—	8	
BIST	BIST #xx:3,Rd	B		2								~C→(#xx:3 of Rd8)	—	—	—	—	—	—	2	
	BIST #xx:3,@ERd	B			4							~C→(#xx:3 of @ERd24)	—	—	—	—	—	—	8	
	BIST #xx:3,@aa8	B						4				~C→(#xx:3 of @aa8)	—	—	—	—	—	—	8	
BAND	BAND #xx:3,Rd	B		2								C∧(#xx:3 of Rd8)→C	—	—	—	—	—	↕	2	
	BAND #xx:3,@ERd	B			4							C∧(#xx:3 of @ERd24)→C	—	—	—	—	—	↕	6	
	BAND #xx:3,@aa8	B						4				C∧(#xx:3 of @aa8)→C	—	—	—	—	—	↕	6	
BIAND	BIAND #xx:3,Rd	B		2								C∧~(#xx:3 of Rd8)→C	—	—	—	—	—	↕	2	
	BIAND #xx:3,@ERd	B			4							C∧~(#xx:3 of @ERd24)→C	—	—	—	—	—	↕	6	
	BIAND #xx:3,@aa8	B						4				C∧~(#xx:3 of @aa8)→C	—	—	—	—	—	↕	6	
BOR	BOR #xx:3,Rd	B		2								C∨(#xx:3 of Rd8)→C	—	—	—	—	—	↕	2	
	BOR #xx:3,@ERd	B			4							C∨(#xx:3 of @ERd24)→C	—	—	—	—	—	↕	6	
	BOR #xx:3,@aa8	B						4				C∨(#xx:3 of @aa8)→C	—	—	—	—	—	↕	6	
BIOR	BIOR #xx:3,Rd	B		2								C∨~(#xx:3 of Rd8)→C	—	—	—	—	—	↕	2	
	BIOR #xx:3,@ERd	B			4							C∨~(#xx:3 of @ERd24)→C	—	—	—	—	—	↕	6	
	BIOR #xx:3,@aa8	B						4				C∨~(#xx:3 of @aa8)→C	—	—	—	—	—	↕	6	
BXOR	BXOR #xx:3,Rd	B		2								C⊕(#xx:3 of Rd8)→C	—	—	—	—	—	↕	2	
	BXOR #xx:3,@ERd	B			4							C⊕(#xx:3 of @ERd24)→C	—	—	—	—	—	↕	6	
	BXOR #xx:3,@aa8	B						4				C⊕(#xx:3 of @aa8)→C	—	—	—	—	—	↕	6	
BIXOR	BIXOR #xx:3,Rd	B		2								C⊕~(#xx:3 of Rd8)→C	—	—	—	—	—	↕	2	
	BIXOR #xx:3,@ERd	B			4							C⊕~(#xx:3 of @ERd24)→C	—	—	—	—	—	↕	6	
	BIXOR #xx:3,@aa8	B						4				C⊕~(#xx:3 of @aa8)→C	—	—	—	—	—	↕	6	

191

A.5 分岐命令

	ニーモニック		サイズ	アドレッシングモード/命令長 (バイト)								オペレーション	分岐条件	コンディションコード						実行ステート数	
				#xx	Rn	@ERn	@(d,ERn)	@aa	@(d,PC)	@@aa	—			I	H	N	Z	V	C	ノーマル	アドバンスト
Bcc	BRA	d8(BT d8)	—						2			if condition is true then PC←PC+d else next;	Always	—	—	—	—	—	—	4	
	BRA	d:16(BT d:16)	—						4					—	—	—	—	—	—	6	
	BRN	d8(BF d8)	—						2				Never	—	—	—	—	—	—	4	
	BRN	d:16(BF d:16)	—						4					—	—	—	—	—	—	6	
	BHI	d8	—						2				CVZ=0	—	—	—	—	—	—	4	
	BHI	d:16	—						4					—	—	—	—	—	—	6	
	BLS	d8	—						2				CVZ=1	—	—	—	—	—	—	4	
	BLS	d:16	—						4					—	—	—	—	—	—	6	
	BCC	d8(BHS d8)	—						2				C=0	—	—	—	—	—	—	4	
	BCC	d:16(BHS d:16)	—						4					—	—	—	—	—	—	6	
	BCS	d8(BLO d8)	—						2				C=1	—	—	—	—	—	—	4	
	BCS	d:16(BLO d:16)	—						4					—	—	—	—	—	—	6	
	BNE	d8	—						2				Z=0	—	—	—	—	—	—	4	
	BNE	d:16	—						4					—	—	—	—	—	—	6	
	BEQ	d8	—						2				Z=1	—	—	—	—	—	—	4	
	BEQ	d:16	—						4					—	—	—	—	—	—	6	
	BVC	d8	—						2				V=0	—	—	—	—	—	—	4	
	BVC	d:16	—						4					—	—	—	—	—	—	6	
	BVS	d8	—						2				V=1	—	—	—	—	—	—	4	
	BVS	d:16	—						4					—	—	—	—	—	—	6	
	BPL	d8	—						2				N=0	—	—	—	—	—	—	4	
	BPL	d:16	—						4					—	—	—	—	—	—	6	
	BMI	d8	—						2				N=1	—	—	—	—	—	—	4	
	BMI	d:16	—						4					—	—	—	—	—	—	6	

A.6 (1) システム制御命令

ニーモニック		サイズ	アドレッシングモード/命令長(バイト)								オペレーション	分岐条件	コンディションコード						実行ステート数	
			#xx	Rn	@ERn	@(d,ERn)/@(d,ERn+)	@aa	@(d,PC)	@@aa	—			I	H	N	Z	V	C	ノーマル	アドバンスト
Bcc	BGE d8	—									if condition is true then PC←PC+d else next:	N⊕V=0	—	—	—	—	—	—	4	
	BGE d:16	—											—	—	—	—	—	—	6	
	BLT d8	—										N⊕V=1	—	—	—	—	—	—	4	
	BLT d:16	—											—	—	—	—	—	—	6	
	BGT d8	—										Z∨(N⊕V)=0	—	—	—	—	—	—	4	
	BGT d:16	—											—	—	—	—	—	—	6	
	BLE d8	—										Z∨(N⊕V)=1	—	—	—	—	—	—	4	
	BLE d:16	—											—	—	—	—	—	—	6	
JMP	@ERn	—			2						PC←ERn		—	—	—	—	—	—	4	
	@aa24	—					4				PC←aa24		—	—	—	—	—	—	6	
	@@aa8	—							2		PC←@aa8		—	—	—	—	—	—	8	10
BSR	d8	—						2			PC←@-SP,PC←PC+d8		—	—	—	—	—	—	6	8
	d:16	—						4			PC←@-SP,PC←PC+d:16		—	—	—	—	—	—	8	10
JSR	@ERn	—			2						PC←@-SP,PC←ERn		—	—	—	—	—	—	6	8
	@aa24	—					4				PC←@-SP,PC←aa24		—	—	—	—	—	—	8	10
	@@aa8	—							2		PC←@-SP,PC←@aa8		—	—	—	—	—	—	8	12
RTS	RTS	—								2	PC←@SP+		—	—	—	—	—	—	8	10

付録

A.6 (2) システム制御命令

ニーモニック	サイズ	#xx	Rn	@ERn	@(d,ERn)/@ERn+	@(d,E2n)	@aa	@(d,PC)	@@aa	—	オペレーション	I	H	N	Z	V	C	ノーマル	アドバンスト
TRAPA #x:2	—									2	PC→@-SP,CCR→@-SP,<<ベクタ>>→PC	1	↕	↕	↕	↕	↕	14	16
RTE	—									2	CCR→@SP+,PC→@SP+	↕	↕	↕	↕	↕	↕	10	
SLEEP	—									2	低消費電力状態に遷移	—	—	—	—	—	—	2	
LDC #xx:8,CCR	B	2									#xx8→CCR	↕	↕	↕	↕	↕	↕	2	
LDC Rs,CCR	B		2								Rs8→CCR	↕	↕	↕	↕	↕	↕	2	
LDC @ERs,CCR	W			4							@ERs→CCR	↕	↕	↕	↕	↕	↕	6	
LDC @(d:16,ERs),CCR	W				6						@(d:16,ERs)→CCR	↕	↕	↕	↕	↕	↕	8	
LDC @(d:24,ERs),CCR	W				10						@(d:24,ERs)→CCR	↕	↕	↕	↕	↕	↕	12	
LDC @ERs+,CCR	W				4						@ERs→CCR,ERs32+2→ERs32	↕	↕	↕	↕	↕	↕	8	
LDC @aa:16,CCR	W						6				@aa:16→CCR	↕	↕	↕	↕	↕	↕	8	
LDC @aa:24,CCR	W						8				@aa:24→CCR	↕	↕	↕	↕	↕	↕	10	
STC CCR,Rd	B		2								CCR→Rd8	—	—	—	—	—	—	2	
STC CCR,@ERd	W			2							CCR→@ERd	—	—	—	—	—	—	6	
STC CCR,@(d:16,ERd)	W				6						CCR→@(d:16,ERd)	—	—	—	—	—	—	8	
STC CCR,@(d:24,ERd)	W				10						CCR→@(d:24,ERd)	—	—	—	—	—	—	12	
STC CCR,@-ERd	W				4						ERd32-2→ERd32,CCR→@ERd	—	—	—	—	—	—	8	
STC CCR,@aa:16	W						6				CCR→@aa:16	—	—	—	—	—	—	8	
STC CCR,@aa:24	W						8				CCR→@aa:24	—	—	—	—	—	—	10	
ANDC #xx:8,CCR	B	2									CCR∧#xx8→CCR	↕	↕	↕	↕	↕	↕	2	
ORC #xx:8,CCR	B	2									CCR∨#xx8→CCR	↕	↕	↕	↕	↕	↕	2	
XORC #xx:8,CCR	B	2									CCR⊕#xx8→CCR	↕	↕	↕	↕	↕	↕	2	
NOP	—									2	PC→PC+2	—	—	—	—	—	—	2	

付録-1　H8命令セット一覧

A.7 命令セット

ニーモニック		サイズ	アドレッシングモード/命令長 (バイト)								オペレーション	コンディションコード						実行ステート数	
			#xx	Rn	@ERn	@(d, ERn)	@-ERn/@ERn+	@aa	@(d, PC)	@@aa	—		I	H	N	Z	V	C	ノーマル	アドバンスト
EEPMOV	EEPMOV.B	—									4	if R4L ≠ 0 Repeat @ER5→@ER6 R5+1→R5 R6+1→R6 R4L-1→R4L Until R4L=0 else next;	—	—	—	—	—	—	8+4n	nはR4Lまたは R4の設定値
	EEPMOV.W	—									4	if R4 ≠ 0 Repeat @ER5→@ER6 R5+1→R5 R6+1→R6 R4-1→R4 Until R4=0 else next;	—	—	—	—	—	—	8+4n	nはR4Lまたは R4の設定値

[注]
(1) ビット11から桁上がりまたはビット11へ桁下がりが発生したときにセットされ、それ以外のとき0にクリアされます。
(2) ビット27から桁上がりまたはビット27へ桁下がりが発生したときにセットされ、それ以外のとき0にクリアされます。
(3) 演算結果がゼロのとき、演算前の値を保持し、それ以外のとき0にクリアされます。
(4) 演算結果が負のとき1にセットされ、それ以外のとき0にクリアされます。
(5) 除数がゼロのとき1にセットされ、それ以外のとき0にクリアされます。
(6) 商が負のとき1にセットされ、それ以外のとき0にクリアされます。

付録

付録2　マイコンなどの入手先

● H8マイコンボード，開発ソフトウェア，電子部品

（株）秋月電子通商　(http://akizukidenshi.com/)
　　店舗：〒101-0021　東京都千代田区外神田1-8-3　野水ビル1階
　　　　　電話　03-3251-1779
　　通販：〒340-0825　埼玉県八潮市大原545
　　　　　電話　048-998-3001　　　FAX 048-998-3002

● H8マイコンボード，開発ソフトウェア（イエローソフトの商品販売）

（株）エル・アンド・エフ　(http://www.l-and-f.co.jp)
　　　　〒175-0083　東京都板橋区徳丸4-2-9
　　　　TEL03-5398-1116　　　FAX03-5398-1181

● H8マイコンボード

（株）北斗電子　(http://www.hokutodenshi.co.jp/)
　　〒060-0042　北海道札幌市中央区大通西16-3-7
　TEL011-640-8800　　　FAX011-640-8801

参考文献

● ルネサスエレクトロニクス

（ダウンロード先　http://japan.renesas.com/index.jsp）
 1. H8/3048シリーズ，H8/3048F-ZTATハードウェアマニュアル（ADJ-602-093F）
 2. H8/3664シリーズ　ハードウェアマニュアル（ADJ-602-223B）
 3. H8/300H シリーズテクニカルQ＆A（ADJ-502-043A）
 4. H8/300H シリーズアプリケーションノートCPU編（ADJ-502-036A）
 5. H8/300H シリーズアプリケーションノート内蔵I/O編（ADJ-502-040）
 6. H8/300H シリーズ アプリケーションノート（ADJ-502-040A）
 7. H8/300H シリーズプログラミングマニュアル（ADJ-602-071C）
 8. H8S，H8/300 シリーズクロスアセンブラユーザーズマニュアル（ADJ-702-038E）
 9. H8S，H8/300 シリーズ C/C++コンパイラ ユーザーズマニュアル（ADJ-702-137D）
10. H8S，H8/300 シリーズ C/C++コンパイラアプリケーションノート（ADJ-502-051A）
11. High-performance Embedded Workshop ユーザーズマニュアル（R20UT0372JJ0100）
12. F-ZTATマイコン　テクニカル　Q＆A（ADJ-502-055）
13. F-ZTATマイコン　プログラムユーザーズマニュアル（ADJ-702-211C）
14. 2電源版F-ZTATマイコン アプリケーションノート（ADJ-502-042B）

● 秋月電子通商

 1. H8-Cコンパイラ解説集（ダウンロード先　http://akizukidenshi.com/catalog/contents2/down.aspx）
 2. AKI-H8/3048Fマイコンボードキット説明書
 3. AKI-H8マイコン専用マザーボードキット説明書

● 白土義男著　（東京電機大学出版局）
H8ビギナーズガイド

さくいん

さくいん

数字
1−2相励磁方式	136
1相励磁	136
1の補数	37
2進数	34
2相励磁方式	136
2の補数	37

A
A-D コンバータ	99
ALU	58
AND	43

C
CCR	45, 58
C言語	16
C コンパイラ	172
C フラグ	45

D
D-A コンバータ	104
DMAC	94
DRAM	93

E
EA 拡張部	64
ERn	58

F
FILO方式	63

H
H8/3048F	24

I
ITU	94, 95

L
LED	118
LSB	46

M
MSB	46

N
NMI	85
NOT	43

O
OR	43

P
PC	58
PWM モード	96

Q
QFP型	22

R
ROM ライタ回路	16

S
SCI	93
SDIP型	22
SP	58
SRAM	93
SYSCR	56

T
TPC	94

V
V フラグ	46

W
WDT	98

X
XOR	43

ア行
アセンブラ	15
アセンブラ言語	16, 108
アセンブラ制御命令	108
アセンブル	15, 114
アドバンストモード	23
アドレッシング	74
アドレッシングモード	22
イミディエイト	77
ウオッチドッグタイマ	98
オーバフローフラグ	46, 61
オペランド	74
オペレーションフィールド	64
重み	36

カ行
疑似命令	108
基数	36
基数変換	37
基本命令	22
キャリ付きローテイト	47
キャリフラグ	45, 61
キロバイト	35
クロック	81
クロック同期式モード	93
クロック発振回路	92
コードセクション	110
コモンセクション	110
コンディションコードレジスタ	45
コンディションフィールド	64
コントロールレジスタ	58
コンバージョン	114, 177
コンパイラ	15

サ行
最下位ビット	46
最上位ビット	46
先入れ後出し方式	63
サブコマンドファイル	176
算術シフト	45
算術論理演算装置	58
システムコントロールレジスタ	56
シフト	45
シフト操作	45

さくいん

シミュレート	15	
ショートアドレスモード	95	
初期化	60	
処理状態	80	
シリアルコミュニケーションインタフェース	25	
シングルチップ	8	
シングルチップCPU	13	
シングルチップアドバンストモード	53	
真理値表	43	
スキャンモード	100	
スタック	62	
スタックセクション	110	
スタックポインタ	58	
ステート	81	
ステップモータ	135	
スリープモード	81	
スルーアップ	140	
スルーダウン	140	
整数定数	112	
セクション	110	
絶対アドレス	77	
ゼロフラグ	61	
ソースファイル	15	
ソフトウェアスタンバイモード	81	

タ行

ダミーセクション	110
単一モード	100
置数器	4
チャタリング	48
定数	112
ディスプレースメント	75
データセクション	110
データディレクションレジスタ	88
データレジスタ	88
デコード	4
デバッガ	15

デューティ比	97
転送用ソフトウェア	16
転送路	6
動作モード	53

ナ行

ニーモニックコード	108
ネガティブフラグ	61
ネスト	63
ノイマン型コンピュータ	3
ノーマルモード	23
ノンマスカブル割込み	85

ハ行

ハードウェアスタンバイモード	81
ハーバード型	6
ハーフキャリフラグ	61
排他的論理和	43
バイト	35
バス	6
バスコントローラ	93
パルスモータ	135
ビット	34
否定	37
フェッチ	4
フォン・ノイマン	3
復号器	5
フラグ	45
フラッシュメモリ	16
プリスケーラ機能	95
プリデクリメントレジスタ間接	75
プルアップ抵抗	48
フルアドレスモード	95
プルダウン抵抗	48
プログラムカウンタ相対	78
暴走	98
ポストインクリメントレジスタ間接	75
歩調同期式モード	93

ボトルネック	6

マ行

マイコン制御	11
マシン語	108
マシン語ファイル	15
マスク	44
マルチチップ	8
命令実行サイクル	4
メガバイト	35
メモリ間接	78
メモリマップトI/O方式	54
文字列定数	112

ヤ行

ユーザビット	61

ラ行

リセット	82
リフレッシュ	93
リフレッシュコントローラ	93
リンカ	28
リンク	114, 176
論理演算命令	43
論理回路	43
論理シフト	45
論理積	43
論理否定	43
論理和	43
レジスタ	4
レジスタ間接	74
レジスタフィールド	64
ローテイト	47
ローテイト操作	47
ロケーションカウンタ	113

ワ行

割込み	82
割込みコントローラ	93
割込みマスクビット	61

【著者紹介】

堀　桂太郎（ほり・けいたろう）
　　　　　　　日本大学大学院　理工学研究科　博士後期課程　情報科学専攻修了
　　　　　　　博士（工学）
　現　在　国立明石工業高等専門学校　電気情報工学科　教授
　主要著書　絵ときディジタル回路の教室（オーム社）
　　　　　　　絵ときアナログ電子回路の教室（オーム社）
　　　　　　　オペアンプの基礎マスター（電気書院）
　　　　　　　図解PICマイコン実習 第2版（森北出版）

　　　　ほかに，共著書やコンピュータ雑誌連載など多数．

H8マイコン入門

2003年1月30日　第1版1刷発行　　　ISBN978-4-501-53580-3　C 3004
2016年1月20日　第1版11刷発行

著　者　堀桂太郎
　　　　ⒸHori Keitaro 2003

発行所　学校法人　東京電機大学　〒120-8551 東京都足立区千住旭町5番
　　　　東京電機大学出版局　　　〒101-0047 東京都千代田区内神田1-14-8
　　　　　　　　　　　　　　　　Tel. 03-5280-3433（営業）03-5280-3422（編集）
　　　　　　　　　　　　　　　　Fax. 03-5280-3563　振替口座00160-5-71715
　　　　　　　　　　　　　　　　http://www.tdupress.jp

[JCOPY]＜(社)出版者著作権管理機構　委託出版物＞
本書の全部または一部を無断で複写複製（コピーおよび電子化を含む）することは，著作権法上での例外を除いて禁じられています．本書からの複製を希望される場合は，そのつど事前に，(社)出版者著作権管理機構の許諾を得てください．また，本書を代行業者等の第三者に依頼してスキャンやデジタル化をすることはたとえ個人や家庭内での利用であっても，いっさい認められておりません．
［連絡先］Tel. 03-3513-6969, Fax. 03-3513-6979, E-mail: info@jcopy.or.jp

印刷・製本：(株)シナノ　　装丁：高橋壮一
落丁・乱丁本はお取り替えいたします．　　　　　　Printed in Japan